《农村干部经营管理培训教材》
实 用 技 术 知 识 丛 书

食用菌栽培实用新技术

米青山　主编

中国环境科学出版社·北京

图书在版编目（CIP）数据

食用菌栽培实用新技术/米青山主编. —北京：中国环境科学出版社，2009（2011.9 重印）
ISBN 978-7-80209-441-3

Ⅰ. 食… Ⅱ. 米… Ⅲ. 食用菌类—蔬菜园艺—技术培训—教材 Ⅳ. S646

中国版本图书馆 CIP 数据核字（2009）第 105272 号

责任编辑 俞光旭 徐于红
封面设计 龙文视觉

出版发行 中国环境科学出版社
（100062 北京东城区广渠门内大街 16 号）
网 址：http://www.cesp.com.cn
联系电话：010-67112765（总编室）
发行热线：010-67125803
印 刷 北京市联华印刷厂
经 销 各地新华书店
版 次 2009 年 7 月第 1 版
印 次 2011 年 9 月第 5 次印刷
开 本 880×1230 1/32
印 张 7.25
字 数 200 千字
定 价 26.00 元

《农村干部经营管理培训教材》
实用技术知识丛书编委会

《食用菌栽培实用新技术》

编 委 会

主　编：米青山

副主编：王彦伟　张天伦　李可凡

编　者：（按姓氏笔画排序）

王书英　王志强　王彦伟　米青山

张天伦　张　森　陈培领　郭海川

高　巨

前　言

建设“生产发展、生活富裕、乡风文明、村容整洁、管理民主”的社会主义新农村，是党中央提出的一项战略任务，是贯彻落实科学发展观、建设小康、构建和谐社会在广大农村的综合体现。要顺利完成这一重大的战略任务，培养一支扎根农村、贴近农民、服务农业，有文化、懂技术、会经营、善管理的村级组织带头人至关重要。因此，充分了解农村干部培训的需求，有针对性地加强农村干部培训，是基层党校搞好农村干部培训工作的重中之重，但是，在农村干部培训的教学过程中，往往缺乏理论与实践相结合的实用、可行的教材。现行的培训教材，一般讲政治理论、形势任务多，教实用技术、工作方法少，与希望获得新知识、新技术的村级组织带头人的要求相去甚远。“工欲善其事，必先利其器”，做好农村干部培训工作，重要的一环是要有一套适应本地农村经济发展特点、适应农村干部需求的好教材。为了满足农村干部学习的愿望，落实上级关于实施农村干部素质工程的意见，我们组织有关教学研究人员和实际工作者，根据新时期党对农村工作的要求和农村工作的特点，本着实际、实用、实效的原则，编写这套农村干部经营管理培训教材。

这套教材融党的农村政策法规、各地改革实践和现代农业新科技于一体，内容丰富翔实、技术先进、信息权威，突出了实用性、时效性和规范性，注重总结农业生产实践中的经验，实现了知识与技能的有机结合，达到了既能使农村基层干部掌握基本理论和基本技能知识，又能触类旁通，扩展知识面，切实提高自身素质，增强工作能力的目的。这套教材将极大地方便各地党校的教学培训工作，同时在提高农民科技文化素质，促进农业增效，农民增收，农村和谐，进而推进农村经济社会全面发展，发挥积极重要的作用。

在编写这套教材的过程中，得到了有关部门和单位的大力支持，参考了近千种农业专著及报刊资料，在此一并致谢，恕不一一注明。

由于水平有限，加之时间紧迫，缺点错误在所难免，敬请各位同仁及广大读者批评指正。

编者

2009 年 3 月

目录

绪 论

一、食用菌的概念

食用菌是一类可以食用的大型真菌。一般都具有肉质或胶质的子实体或菌核。俗称菇或蕈。在分类上，食用菌大多数属于真菌门中的担子菌亚门，少数属于子囊菌亚门。

世界上现在已知的能形成大型子实体的担子菌和子囊菌有 6 000 余种，据统计，目前有记载的食用菌已超过 2 000 种，能进行大面积栽培的只有 30 多种，我国现已记载的食用菌近 1 000 种（其中含药用菌 200 种左右）。

二、食用菌的价值

1. 食用价值

食用菌主要用于菜肴食用。一些著名的种类历来被列为宴席上的佳品，誉为“山珍”。如列为上八珍之一的猴头菌，中八珍之一的银耳，下八珍之一的大口蘑。

菌类食品具有极高的营养价值，一般含蛋白质占干重的 30%～45%，还含有大量的维生素和丰富齐全的氨基酸。食用菌含有丰富的

维生素 B_1、维生素 B_2、烟酸、生物素、抗坏血酸和维生素 D 等，其中以烟酸含量最高，草菇百克干品中含 64.9 毫克，食用菌所含的氨基酸有 17～18 种之多，其中含有人体所必需的 8 种氨基酸。食用菌还含有多种微量元素及抗生素、核苷酸、多糖等。还具有一定药效的特殊生理活性物质，能促进人体新陈代谢，增强体质。因此，人们赞誉食用菌是高蛋白、低脂肪、低能量、多药效的“保健食品”。

2. 药用价值

食用菌还具有重要的药用和食疗价值。众所周知，银耳有滋补强身、润肺生津、祛湿的作用，猴头菌有治疗消化道疾病之功效，木耳有润肺、消化纤维的作用。国外把黑木耳作为治疗冠心病，具有抗癌功能的保健食品。密环菌是各国人民都喜食的食用菌，但它又能治风湿、腰膝痛、四肢痉挛和小儿惊厥等。除了这些一般的功效之外，近年来的研究还发现，食用菌含有的一些多糖类物质（如香菇多糖、蘑菇多糖、纤维多糖等），可以通过刺激淋巴细胞或巨噬细胞，促进抗体的形成，提高肌体的免疫功能，从而起到防癌、抗癌及抗病作用。食用菌含有的核苷酸及其衍生物，也是抗癌、刺激肌体产生抗体、降低血液胆固醇的有效成分。最近发现香菇含有的双链 RNA 还有助于抗艾滋病及延缓衰老。食用菌所含的多种维生素，对心脏病、坏血病、肿瘤和贫血症等都有疗效。

最近报道，灵芝除具滋补、延年益寿之功外，还有很好的美容效果，特别是富锗灵芝，能滋润皮肤，抗衰老，人们用来生产灵芝系列化妆品。被誉为“食用菌之王”的竹荪，除具有一般的食用价值以外，还具有较好的美容和防腐作用。被誉为“增智菇”的金针菇，富含赖氨酸和精氨酸，能增加儿童身高和体重及促进智力的发育。由于人们对食用菌的防病、治病等特殊功能的逐步认识，现已把它列为人类的第三食品（第一、第二食品分别为动物食品、植物食品）。

三、食用菌栽培业的发展

1. 食用菌的发展历史

我国栽培食用菌的历史悠久，早在 4 000 年前的《礼记·内则篇》中就介绍了食用菌的栽培，详细地记载了构菌（金针菇）的接种栽培方法。公元 600 年前后，已开始人工栽培黑木耳。800 多年前，我国已开始人工栽培香菇，栽培草菇有 200 多年的历史。

新中国成立以后，我国食用菌生产的科学研究有了较大的发展。20 世纪 50 年代末期，首先在上海郊区引种栽培成功双孢蘑菇。20 世纪 60 年代初，由于对银耳纯菌种研究在理论上的突破和驯化栽培的成功，带动了生产上的急速发展，遍及全国各地的栽培，使这一山珍成为大众的滋补品。20 世纪 70 年代初期，辽宁等地对滑菇驯化栽培成功，并大面积推广栽培，其产品还远销到日本。20 世纪 70 年代中期，在搞清天麻与密环菌关系理论的基础上，促进了天麻生产的发展，使其产量大幅度提高。同期还对灵芝人工栽培进行系列研究，为大批量人工栽培灵芝提供了可能。20 世纪 70 年代末期，对猴头菌驯化成功，使这一宫廷珍品成为常人宴席上的佳肴。20 世纪 80 年代初期从国外引种了凤尾菇，由于其栽培原料广泛，生产成本低，栽培方法简单，管理较为粗放等特点，使之得到迅速推广。此期间又在前人研究的基础上，继续对金针菇进行系列深入研究，尤其是杂交菌株的问世，大幅度提高了金针菇单产，为大规模的商品生产提供了可能。目前，金针菇种植热，已由南方向北方普遍展开。20 世纪 80 年代末期，我国食用菌工作者又揭示了竹荪并非是菌根性菌类，而是属于腐生菌，先后驯化成功红托竹荪、短裙竹荪、长裙竹荪。但是由于其栽培条件苛刻，商业性栽培的探讨曾几起几落，直到近年发现抗逆性较强的棘托竹荪后，生产才得到急速发展，使“一两黄金，一斤竹荪”的价格猛降。在凤尾菇得到迅速推广后，其他同属的品种也相继栽培成功。近年来，10 种稀有种类在我国已小规模商业化栽培，其进一步的开发生产具有很大潜力，如巴西蘑菇、茶薪菇、蜜环菌、琥珀黄木耳、鸡腿菇、长裙竹荪、花脸蘑、杏鲍菇、白灵菇、大球盖菇、橙耳、金耳、巨型蘑菇等。自 1980 年开始，我国食用菌的科研、生产、消费出现了一个欣欣向荣的新局面。可以说，我国大部分地区已由栽培生产侧耳（平菇）为先导的食用菌，形成了多种类、大面积生产、栽培食用菌的热潮。到 20 世纪 80 年代末，我国已成为世界上食用菌生产的大国。

上述驯化成功的菌类大多为木腐生，相对来说较易成功，而对于地生菌根类（如松茸、红菇）和虫生菌类（冬虫夏草、鸡纵菌）等则难度较大。在老一辈专家的带领下，研究工作日益活跃，有的已取得阶段性成果。

2. 食用菌栽培方法的演变

野生木腐菌类（香菇、木耳、银耳、金针菇、猴头菌、灵芝、平菇等）多生长在枯木、倒木上。20 世纪 50 年代初期，香菇、黑木耳多采用段木砍花法栽培，20 世纪 60 年代之后，随着食用菌栽培新技术的推广，逐渐采用新法人工段木接种，但依然离不开木材。发展食用菌生产和保护森林资源是一对不可调和的矛盾，代用料的研究势在必行。

1972 年，河南刘纯业首先采用棉籽壳进行平菇栽培，开创了代用料先例。随之，这一科研成果转化成巨大的经济效益，成为北方各省栽培食用菌的主要材料。目前已推广应用到几乎所有栽培的食用菌品种，有的产量和质量超过用传统材料栽培的食用菌。1986 年福建采用菇木的枝椏柴，经粉碎后代替原木生产香菇，取得成功，其成果部分缓解了对森林的过度砍伐。

近几年来，北方还广泛寻求其他代用料，如玉米秆、棉秆、麦秸、高粱秆、玉米芯、甜菜渣，南方用稻草、甘蔗渣、花生藤、农作物秸秆，甚至用部分野草（五节芒、芦苇）进行食用菌栽培的尝试。生产实践证明，单独使用这些代用料均能栽培出菇来，但菇的质量、产量、经济效益均差，正是由这些代用料的组织结构所决定的，其质地、吸水性、孔隙等均不如木屑和棉籽壳。因而，目前仍然以木屑和棉籽壳为主要原料，混合一些其他代用料。

随着塑料工业的发展，人们开始把耐高温、高强度的聚丙烯和低压聚乙烯塑料膜制作成容器，除了便于代用料装袋之外，更主要的是新的栽培方法比传统栽培方法简单易行，既缩短了菌丝培养时间，还便于进行二区制栽培管理（菌丝和子实体发育阶段在不同环境下进行）。同时，还能进行立体栽培，提高菇房的利用率，即使局部污染也便于处理，可以说，塑料袋栽培是栽培技术上的一大改革，也是今后栽培技术发展的方向。

近年来，我国食用菌生产向产业化迅速迈进，虽然生产的主力军依然是各地的农户（约 10 000 万户）但也出现了很多较专业的食用菌股份公司或有限公司，如北京金信食用菌公司，烟台九发食用菌股份公司，锦绣大地等。食用菌栽培的模式日益多样化，并逐渐向规模化、集约化、园艺化方向发展。除了传统的制罐头、脱水干燥和盐渍之外，已开发出各种保鲜新工艺。制成各种即食食品、饮料，各种富锌、富硒、富锗、富碘的食用菌产品、调味品以及保健食品或药品。

3. 食用菌栽培发展的趋势

（1）向开发新原料和废料的综合利用发展。开发食用菌的新原辅材料、新配方，保护有限的阔叶林资源；营造专用林，充分利用各种野生的碳源植物（如禾本科植物）和氮源植物（如豆科植物）。开发废料的综合利用，保护生态环境。

（2）向室外发展。由于室外栽培食用菌具有设备简单，不受场地限制、成本低、经济效益较高等优点，适宜在农村各地推广。近年来，一些地区在阳畦中大量栽培蘑菇、草菇、平菇、木耳，许多地方已引入林地、大田，与水稻、高粱、玉米、油菜等大田作物及一些蔬菜、水果间套种植。

（3）向机械化自动化发展。由于手工操作劳动强度大，成功率低，效益差，很多地方都在研制原料粉碎、搅拌、装袋、灭菌、接种及培养等系列机械和自动化生产线。

（4）栽培向集约化模式化发展。很多地方都在开展集约化经营，出现了一些大的公司，由于他们资金雄厚，设备先进，管理完善，所以在国内外市场具有较强的竞争力。在栽培的过程中，人们创造了很多简单易行的栽培模式，对食用菌产业的发展起到了很大的推动作用。

（5）向深层次加工发展。食用菌除干品、盐渍品和鲜销外，正在向深加工方向发展，通过深加工可使一系列资源多次利用，用于制作各种食用菌食品、保健品、化妆品和各种饮料制品等。

思考题

1. 你常见的大型真菌是不是都是食用菌？为什么？举例说明。

2. 简述食用菌的营养和药用价值。

3. 我国最早记载有关食用菌栽培的资料是在何年代？简述新中国成立以后我国对食用菌生产研究的历史和栽培方法演变的过程。

4. 简述食用菌栽培发展的趋势。

第一章　食用菌基础知识

食用菌大部分属于真菌门中的担子菌亚门，少部分属于子囊菌亚门。菌体一般较大，高 3～18 厘米，直径 4～20 厘米，与其他真菌相比，它们都是最大型的，因此又称大型真菌。如香菇一般高 5～12 厘米，直径 4～10 厘米，个别的还更大。1960 年江西婺源县曾发现过一朵野生香菇，大如雨伞，可算是“香菇王”了；大秃马勃常能长到西瓜那么大；生长缓慢的猴头菌，有的也能长到 4～5 千克；平菇最大的长到 30 千克；昆明曾发现一丛特大凤尾菇重 22.3 千克。

第一节　食用菌的形态结构

食用菌是由丝状的菌丝体和各种各样的子实体组成的。

一、菌丝体

菌丝体是由许多分枝的菌丝组成的，而菌丝则是孢子萌发繁殖的结果。孢子萌发时，吸水膨大后长出芽管，芽管不断分枝伸长，形成单核菌丝体（细胞内只有一个细胞核），又称为一次菌丝体。两个一次菌丝相结合形成双核菌丝体，又称二次菌丝体。

食用菌的菌丝都是多细胞的，每个细胞都是由细胞壁、细胞质、细胞核等组成。大部分为双核，少数为单核。

二、子实体

子实体是食用菌的繁殖器官，是产生有性孢子的机构。子实体的形态多种多样，有头状、笔状、树枝状、花朵状、舌状、球状及伞状，但以伞状的最多。伞状的子实体可分为菌柄和菌盖两部分。下面以伞菌为例，介绍食用菌子实体的结构（见图 1-1）。

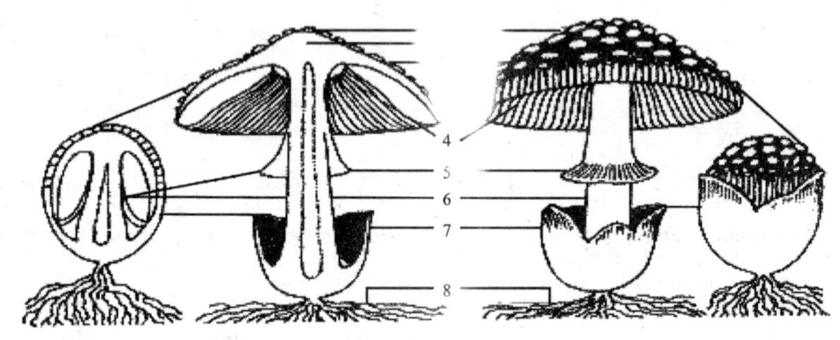

1. 鳞片；2. 菌肉；3. 菌盖；4. 菌褶；5. 菌环；6. 菌柄；7. 菌托；8. 菌丝束

图 1-1 伞菌子实体结构

1. 菌柄

菌柄是菌盖的支撑部分，少数食用菌如牛舌菌、木耳、银耳等，往往没有柄或柄不明显，大多数菌柄为肉质，与菌盖同质，少数如金针菇菌柄下部为革质，与菌盖质地相异，有些菌类菌柄上还有菌环（内菌幕的残迹）和菌托（外菌幕），菌柄着生有三种形式，中央生、侧生和偏生。

2. 菌盖

菌盖又叫菌帽。是人们食用的主要部分，也是食用菌的主要繁殖器官。菌盖有多种形态，颜色也多种多样，表面还有些附着物。

菌盖主要分两部分，上部菌肉是菌盖的实体部分，也是最有食用价值的部分。绝大多数均为肉质，易腐烂，少数种类为蜡质、革质或软骨质。蜡伞属就是因其菌肉蜡质而命名的。菌盖的下部称为子实层或菌褶层，是产生孢子的地方。

三、食用菌的生活史

生活史是指食用菌从孢子萌发开始，经过一定的生长发育，又产生孢子的整个生长过程。

食用菌子实体所产生的孢子，可以在自然界广为传播。当遇到适宜的条件时，能发芽形成初生菌丝，此菌丝的每个细胞中只含有一个细胞核，故又称单核菌丝。单核菌丝发育到一定阶段后，由两个性别相同或不相同的菌丝结合，形成双核菌丝。每个细胞内的两个核分别来自不同细胞。双核菌丝经过生长繁殖后在适宜条件下互相扭结成团，发育成子实体的胚胎——原基，进一步发育成子实体。在子实体中，只有子实层中的某些双核菌丝发生核配，形成孢子，当孢子发育成熟时，从子实体上弹射出来，才能重新开始一个新的生命循环（见图 1-2）。

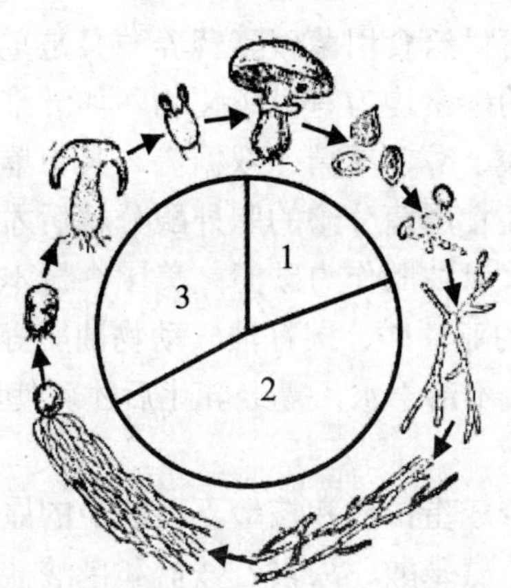

1. 孢子及其萌发；2. 菌丝发育；3. 形成子实体

图 1-2　食用菌生活史简图

有些食用菌还可进行无性繁殖的循环。如银耳，其单核、双核菌丝均可形成芽孢子，遇到合适的环境分别可萌发形成单核、双核菌丝；另外，香菇的单核、双核菌丝均能形成休眠孢子——厚担孢子；子囊菌类食用菌的菌丝体还可形成分生孢子。

第二节 食用菌的生长条件

影响食用菌生长的环境条件很多。有物理的、化学的和生物的多种因素。其中重要的理化因素有营养、温度、水分、湿度、空气、光照和酸碱度。

一、营养

食用菌和其他生物一样，需要不断地从外界摄取某些营养物质，以维持其正常的生命活动，各种食用菌吸收的营养物质不尽相同，每种物质的需要量也不相同。概括起来，这些物质可以分为碳素、氮素、无机盐和生长素四类。现分述如下：

1. 碳素物质

碳素物质既可供给食用菌碳素营养，又是重要的能量来源。食用菌所吸收利用的碳素均为有机碳化物。如纤维素、半纤维素、淀粉、果胶、有机酸、醇、单糖、双糖等。其中单糖、双糖吸收利用较快，多糖类需经食用菌分泌的胞外酶分解后才能利用，因而吸收较慢。近年来有人以油脂作为碳源，美国、日本都曾在厩肥、木屑中添加 1%～5%的亚油酸、棉籽油、动物油脂等，取得了较好的效果。然而这些物质不溶于水，需经乳化后才可使用。

2. 氮素物质

它是食用菌合成蛋白质和核酸不可缺少的原料。食用菌可利用的氮源有蛋白质、氨基酸、尿素、铵盐和硝酸盐。蛋白质类需经胞外酶水解后才可吸收。

3. 无机盐

食用菌的生长还需要一定量的无机盐，如磷酸二氢钾、磷酸氢二钾、硫酸钙、硫酸镁、硫酸亚铁等。其中以磷、钾、镁三元素最重要，而其他元素需要量很小，在做培养基时，由于普通水中含量很多，故不必再补加。

4. **生长素**

有些食用菌还需要少量的维生素和核酸类有机物质，量虽少但不可缺。食用菌若缺少维生素 B_1，菌丝生长缓慢甚至停止生长，在培养基中只需加维生素 B_1 0.01 毫克/升，即可使之恢复正常。

生长素在许多物质（如土豆、麦芽、酵母、米糠等）里都含有，因此在用这些培养料时不必添加。但维生素类多数不耐高温，在 120℃以上极易破坏，因此培养基灭菌尽量不要温度过高。

二、温度

这是影响食用菌生长的重要因素之一。它对食用菌的影响有两个方面：一方面随温度的升高，其体内生化反应的速度加快，因此菌体生长加快；另一方面菌体的主要成分如蛋白质、核酸及各种酶类随着温度的上升，可能遭受不可逆的破坏。因此每种食用菌都有其适宜生长的温度范围，还有一个最适生长的温度（见表 1-1）。试验证明，香菇菌丝生长的温度范围为 5～35℃，最适为 25℃。当温度在 40℃时 4 小时可杀死；42℃时 2 小时可杀死；45℃时 40 分钟即可杀死。

表 1-1　几种食用菌对温度的要求　　单位：℃

食用菌种类	菌丝生长温度		子实体分化和发育的最适温度	
	生长温度范围	最适温度	子实体分化温度	子实体发育温度
双孢蘑菇	6～33	24	8～18	13～16
香　菇	5～35	25	7～21	12～18
草　菇	12～45	35	22～35	30～32
平　菇	12～36	24～27	7～22	13～17
木　耳	4～39	30	15～27	24～27
银　耳	12～36	25	18～26	20～24
猴头菌	12～33	21～24	12～24	15～22
金针菇	7～30	23	5～19	8～14

多数食用菌比较耐低温，它们在 0℃甚至更低的温度下也不至死亡，只是代谢降低。据试验如果将菌丝置于 10%甘油防冻剂下，大多数食用菌可耐－196℃的低温保存。草菇菌丝不耐低温，在 10℃以下容易死亡，因而应保存在 13℃左右的温度下，且不可放入冰箱保存。

食用菌不同的发育阶段对温度的要求不同。一般菌丝阶段要求的温度较高，子实体分化和生长要求的温度较低。有些食用菌子实体的分化还要求一定的温差刺激。如香菇，在子实体分化时，若以每天 8～10℃的温差，可促进子实体的分化。这种特性称为变温结实性。

为了栽培上的方便，人们根据子实体分化所需要的温度，将食用菌分为以下几个温度型：

（1）低温型。子实体分化的最适温度在 20℃以下，如金针菇、双孢蘑菇等。

（2）中温型。子实体分化最适温度在 20～24℃。如猴头菌、银耳。

（3）高温型。子实体分化最适温度在 24℃以上。如草菇。

（4）广温型。子实体分化的温度范围在 3～33℃之间。如近年来培育的平菇广温 831、推广一号等品种。

三、水分和湿度

水分不仅是菌体的重要成分，而且还是其体内新陈代谢中许多生化反应不可缺少的溶剂。因此当水分不足时，菌丝生长缓慢，子实体不能形成或干缩；培养基水分过多则通气不良，菌丝生长也缓慢。

空气相对湿度对子实体的发育也有很大影响，子实体生长阶段一般要求空气的相对湿度在 80%～90%之间。据研究，如果菇房的空气相对湿度低于 60%，侧耳等子实体的生长就会停止；当空气相对湿度降至 40%～45%时，不再分化子实体，即使已经分化，幼菇也会枯死。但菇房湿度也不宜超过 96%，过大易出现杂菌污染及烂菇现象。菌丝发育阶段，一般要求空气的相对湿度为60%～70%。

四、空气

空气中的氧气（O_2）与二氧化碳（CO_2）是影响食用菌生长发育的重要生态因子，食用菌不是绿色植物，不能利用 CO_2，食用菌的呼吸作用是 O_2 的吸收和 CO_2 的排出。正常的空气中约含有 O_2 21%，CO_2 0.03%。CO_2 的分压增高势必要降低 O_2 的分压，过高的 CO_2 分压必然影响食用菌的呼吸作用。食用菌菌丝体生长对高浓度的 CO_2 一般表现都很敏感。

在子实体生长阶段，绝大部分食用菌对 O_2 的要求量剧增，对 CO_2 更加敏感。这时 0.1% CO_2 对子实体就有毒害作用。如灵芝子实体在 CO_2 浓度为 0.1%时，一般不形成菌盖，只是菌柄几度分化呈鹿角状；平菇子实体在通气不良时，菌柄增粗，菌盖薄小，严重影响产量和质量。

五、光照

食用菌不含叶绿素，菌丝的生长完全不需要光照。由于直射光线一方面含紫外线，具有杀菌作用，另外直射的光照会引起水分的急剧蒸发，使空气相对湿度降低，对其生长不利。

大部分食用菌在子实体分化和发育时，需要一定量的散射光。如香菇子实体的形成需要 100～300 勒的光照度；草菇、滑菇等在完全黑暗下不形成子实体；金针菇、平菇在无光下虽能形成原基和子实体，但子实体畸形不长菌盖，产量大为降低。

光的类型对子实体的形成也有影响。蓝光抑制菌丝生长，促进子实体分化。红光与黑暗一样不利于子实体形成。光照度与子实体的色泽有关，光线不足，子实体的颜色变淡、变白，使食用菌的商品价值降低。

六、酸碱度（pH 值）

大多数食用菌喜酸性环境，适宜菌丝生长的 pH 值在 3～8 之间，最适为 5～5.5。大部分食用菌在 pH 值大于 7 时生长受阻，大于 8 时生长停止，不同食用菌也有差异（见表 1-2）。

表 1-2 几种食用菌菌丝生长最适 pH 值

菌名	最适 pH 值	菌名	最适 pH 值
双孢蘑菇	6.8～7.0	银 耳	5.0～6.0
香 菇	4.0～5.4	木 耳	5.0～5.4
草 菇	8.5	猴头菌	4.0
平 菇	5.0～5.3	大肥菇	6.0～6.4
金针菇	5.4～6.0	滑 菇	6.0～7.0

猴头菌最耐酸，pH 值在 2.4 时仍能生长，但不耐碱，在 pH 值 7.5 时，菌丝就难以生长。草菇喜碱，pH 值为 10 时，仍能正常生长。

食用菌的培养料在高压灭菌后 pH 值会降低，同时，食用菌培养后，由于新陈代谢所产生的有机酸的积累，也会使 pH 值下降，因此配制培养基时，应将 pH 值适当调高。也可加入 0.2%的磷酸二氢钾和磷酸氢二钾作缓冲剂，若产酸过多，还可加入少量中和剂——碳酸钙等。

第三节 消毒与灭菌

在空气、水中、用具上由于到处都有微生物存在，在食用菌制种和栽培时，培养基、器皿或用具必须经过灭菌后才能使用，以防培养物感染杂菌而不纯。因此消毒和灭菌，成为食用菌制种工作中的一项重要操作技术。

消毒一般是指杀死物体表面或内部的部分病原菌和有害微生物。因为这一措施并不能消灭所有的微生物，所以又叫部分灭菌。灭菌则是杀死一定环境中的所有微生物，即完全灭菌。就同一种方法来说，作用强度和作用时间不同，也可以分别达到消毒和灭菌的目的。

一、常用消毒灭菌方法

1. 高压蒸汽灭菌

高压蒸汽灭菌是利用高温高压蒸汽使蛋白质凝固、使酶失去活性，通常在高压灭菌锅内进行，常用于母种和原种培养基的灭菌。现以手提式高压蒸汽灭菌锅为例加以说明。操作方法如下：

（1）打开锅盖，取出灭菌桶，倒入清水，以淹没底架为止（约3升水）。

（2）将要灭菌的物品包扎好，瓶口向上，放入灭菌桶内，物品不能挤得过紧，应保持一定的孔隙，以免影响气流流通使灭菌不彻底。

（3）将排气管放入灭菌桶内的导管内，盖好锅盖，按对角线方向拧紧螺丝。

（4）检查安全阀门。同时打开排气阀门。

（5）加热沸腾后，使其产生的蒸汽将锅内空气由排气阀排出，当蒸汽连续排出时，维持 2～3 分钟，然后关闭排气阀门，让锅内蒸汽温度随着蒸汽压力加大而上升。

（6）当蒸汽压力达到 101 千帕（1 个大气压），温度 121℃时，调节热源，维持半小时，停止加热。

（7）使压力表指针自行回到零时，打开排气阀门，使锅内外压力平衡。温度继续下降至 50～60℃时，才能打开锅盖，取出物品。若需要做斜面培养基时，趁热摆成斜面。

（8）灭菌完毕，排出锅内积水，用布擦干灭菌器内壁，以防生锈。

使用高压蒸汽灭菌锅时，应注意排尽锅内空气，否则，压力表指针虽然指到一定的压力刻度，但是锅内的温度却达不到要求而造成灭菌不彻底。

高压蒸汽灭菌锅的使用与手提式高压蒸汽灭菌锅类似。

2. 常压蒸汽灭菌

常压蒸汽灭菌又称土法灭菌，一般用于栽培种生产，也用于食用菌熟料栽培。它在土蒸汽锅或普通蒸笼内进行，温度一般只有 100℃。灭菌的方法有两种：

（1）常压蒸汽灭菌。将待灭菌的材料放入蒸笼内，进行加热，在蒸笼上汽后，温度达到 100℃时，用小火维持 8～10 小时，一次达到灭菌目的。

（2）常压间歇灭菌。此法是利用几次蒸煮而达到灭菌的目的。加热到 100℃，保持 30～60 分钟，可杀死营养细胞，然后冷却，保温 25～30℃ 24 小时，使芽孢萌发成营养细胞。第二次再用同样方法处理，如此重复三次即可。

常压灭菌维持时间较长，灭菌过程中 pH 值会有所下降，因此灭菌前培养料的 pH 值要适当提高一些，提高多少根据实践经验而定。

3. 干热灭菌

干热灭菌是利用干热杀死微生物。最简单的方法就是利用火焰灼烧。此法灭菌虽然迅速，彻底，但使用范围有限，只适于接种工具，试管（瓶）口等。一般玻璃器皿和金属用具，通常放在烘箱内进行干热灭菌。

利用烘箱进行干热灭菌时，按如下操作进行：① 将待灭菌物品包扎好放入箱内，不要放得太挤。② 关闭箱门，接通电源，调节至所需温度。③ 待温度逐渐上升至 160℃时，保持此温度 2 小时。④ 然后中断电源，使温度慢慢下降，当温度降至 70℃以下后，即可打开箱门取出灭菌物品。

4. 紫外线灭菌

常用波长 2 650～2 660 埃的紫外线灯管（30 W）安装于接种箱和接种室内杀菌。用紫外线灯灭菌时应注意：一是紫外线穿透物质的能力较差，所以只适于空气及物体表面灭菌。二是紫外线照射后损害的微生物，暴露在可见光中，有一部分可恢复正常，所以紫外线杀菌的环境，不要马上使用日光灯。

紫外线之所以能灭菌，一是由于短波光的直接作用，微生物吸收一定剂量的紫外线后，使核酸和蛋白质结构发生变化而引起死亡。二是辐射能使空气中的一部分氧（O_2）电离成原子氧（O），原子氧（O）具有极强的氧化作用，通过氧化使蛋白质变性，而引起死亡。但紫外线对眼黏膜和视神经有损伤作用，应避免在紫外线照射下工作，更不能用眼直视灯管。

5. 过滤除菌

过滤除菌是将含菌空气、液体通过一种特制的、筛孔比细菌还小的筛子，细菌等就可被筛除掉，得到无菌的空气或溶液。超净工作台就是利用这一原理制成的。超净工作台是无菌室接种常用的设备。它的特点是接种数量不受无菌空间的限制，操作简便，有利于改善接种人员的工作条件，接种效率高，适于大规模生产。超净工作台按其气流方向分为水平层流和垂直层流两种。

二、几种常用的消毒剂

消毒剂种类很多，现介绍几种常用的消毒剂。

1. 酒精

酒精又名乙醇，是一种使用广泛的消毒剂。其杀菌机理主要是脱水作用，使蛋白质凝固变性，导致细菌死亡。酒精消毒时，以70%～75%的酒精杀菌最强，浓度过高（95%以上）时，往往由于过快地使细菌表层蛋白质脱水凝固，而形成一层保护膜，酒精分子不能渗入菌体内，杀菌作用降低。浓度过低，脱水能力差，杀菌作用也低。常用于玻璃器皿、金属刀具以及皮肤表面消毒。

酒精易燃，易挥发，应远离火源，密封保存。

2. 甲醛

甲醛又名福尔马林，市场上出售的甲醛溶液浓度为 36%～38%，是一种较强的还原消毒杀菌剂。对细菌和真菌都有抑制和杀伤作用。它的抑菌和杀菌作用强弱依所使用的浓度和作用时间而定。1∶200 的甲醛溶液在 6～12 小时就可杀死细菌的芽孢。

用于接种室（箱）、培养室等，一般每立方米空间用 10 毫升。消毒时将甲醛溶液倒入一小容器内，再加入少量的高锰酸钾（2 份甲醛溶液加 1 份高锰酸钾）使其挥发，或用酒精灯加热使甲醛溶液挥发，也可用甲醛溶液进行喷雾消毒。

甲醛对眼黏膜及呼吸道有强烈刺激性，使用时注意安全。

3. 高锰酸钾

高锰酸钾有较强的氧化能力，是一种强氧化剂，0.1%的浓度已有消毒作用。2%～5%的溶液对芽孢有效，也能杀死厌氧菌，但它遇到有机物时会降低作用。

4. 硫磺

硫磺常用于室内环境消毒，利用其粉末，通过燃烧产生二氧化硫杀菌，一般用量为 15 克/立方米。按需要量将硫磺加入瓷碗内，后用纸片引火点燃，即产生大量烟雾至熄灭。注意：熏蒸前喷洒水雾可增加杀菌效果，但易使金属器皿生锈。

5. “消毒大王”

“消毒大王”系无毒无害，高效强力广谱消毒剂，由两种粉剂 A 剂和 B 剂组成。使用时 A 剂、B 剂按 1∶10 比例混合，每间房用 A 剂 3 克，B 剂 30 克，溶解于 2～3 升清水中喷雾消毒，40～60 分钟后即可开始接种。

思考题

1. 担子菌和子囊菌的菌丝体各有几种形态？担孢子和子囊孢子是怎样形成的？

2. 伞菌类子实体由几部分组成？各部分的结构、功能如何？

3. 影响食用菌生长的环境因素有哪些？高温和低温对食用菌的影响有什么不同？

4. 消毒和灭菌有何异同？

5. 怎样安全正确地使用高压锅？

6. 常用的消毒剂有哪几种？其杀菌原理、使用方法及注意事项是什么？

第二章　食用菌的菌种制作

食用菌一般是通过菌种来栽培的。食用菌的菌种可以分为母种、原种和栽培种三种（或分别称作一、二、三级菌种）。母种是最原始的菌种，是刚从孢子分离、组织分离或基内菌丝分离获得的菌丝体以及经过转管后的菌丝体。由于母种的菌丝体较纤细，分解养料的能力弱，所以不能直接用于生产栽培。把母种接种到原种培养基上长出的菌丝体称为原种。把原种接种到栽培种培养基上长出的菌丝体称为栽培种。原种和栽培种是直接用于生产的菌种。经过母种→原种→栽培种的繁殖后，菌丝体的数量大大增加，每一试管的斜面母种可繁殖成10～20瓶原种（750毫升装），每瓶原种又可扩大繁殖栽培种100～200瓶。在菌种数量扩大的同时，菌丝体也越来越粗壮，分解养分的能力也越来越强。在生产上只有这样的菌种，才能获得高产优质的子实体。

第一节　制种的基本设备

一般菌种厂应设置配料室、灭菌室、接种室、培养室。各室因用处不同，应分别配置相应的设施。现分述如下：

一、配料室

配料室在建筑结构上没有特殊要求，一般房屋均可，面积视生产情况而定。规模小的菌种厂往往在室外水泥地上进行。配料室也可和灭菌室同处一室，室内应配备以下设备：

1．衡器

磅秤（称量 100 千克）、盘秤（称量 10 千克），刻度塑料杯（容量 1 000 毫升）。

2．拌料工具

水管、铁铲、扫帚、塑料水桶等。大型菌种厂应配置搅拌机，以提高拌料的效率和拌料质量。

3．分装工具

菌种瓶分装培养基，一般采用人工分装；袋装培养基，特别是长袋，一般采用装袋机分装。使用新型的装瓶装袋两用机，可使分装培养基全部实现机械操作。

4．其他设备

配料室还应配备电源、拌料场、操作台、有关的药品橱、器材橱等。

二、灭菌室

灭菌室是指专用于培养基和其他物品消毒灭菌的场所。灭菌设备分高压灭菌设备和常压灭菌设备两大类。高压灭菌设备主要有手提式高压灭菌锅。用于试管斜面培养基灭菌，可用电、油、煤、柴等作热源。每次可容纳 150～200 支试管培养基。大型或中型灭菌锅，用于原种、栽培种培养基灭菌。用电或以煤、炭、柴加热。容量每次可装 750 克菌种瓶 200 只左右。目前应用较普遍。常压灭菌锅有铁桶式灭菌锅、平台式灭菌锅（见图 2-1）、蒸汽通入式灭菌锅。铁桶式灭菌锅是用铁桶改制而成，主要用于菇农家庭制栽培种用，由于取材方便，造价低廉，灭菌效果较好，应用较普遍。平台式灭菌锅，灶面平整，灶内设一只大铁锅，锅上用水泥墙面或塑料膜密封。该灶主要用于料袋灭菌。适合于较大规模生产使用。蒸汽通入式灭菌锅，形式较多，但以福建龙海推广的“常压蒸汽炉”较理想（见图 2-2）。灭菌时将导气管放入木板底下，木板上整齐叠放灭菌材料，最上面至少盖两层薄膜。该炉灭菌效果好，灭菌量大，节省能源，可作大量推广。

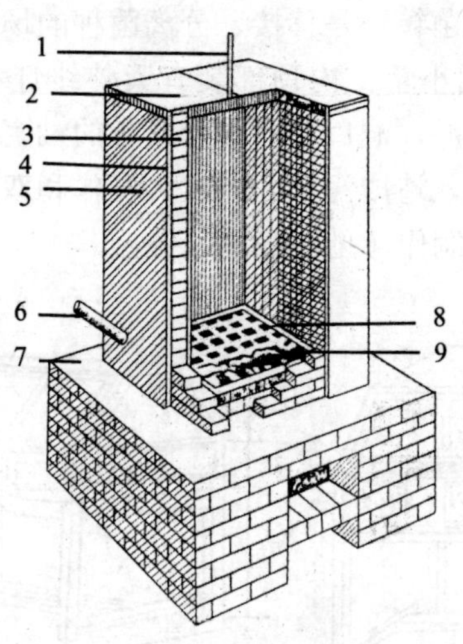

1. 温度计；2. 顶砖；3. 砖；4. 水泥批档；5. 锅身；6. 进水口；7. 灶炉；8. 木架；9. 摆瓶方式

图 2-1 平台式常压灭菌灶

图 2-2 常压蒸汽炉

三、接种室

接种室是用来接种的场所，配备有相应的接种设备。常用的设备有接种箱、接种室或无菌室及超净工作台等。

1. 接种箱

接种箱又称无菌箱，是移接、分离菌种的场所。是一个用木板和玻璃制成的密闭小箱，内顶部装有紫外线灯和供照明用的日光灯。箱前开两个圆洞，洞口装有带松紧带的袖套。以防双手在箱内操作时外界空气进入造成污染。有单人操作和双人操作两种，可用木板、玻璃等自行制作（见图 2-3）。

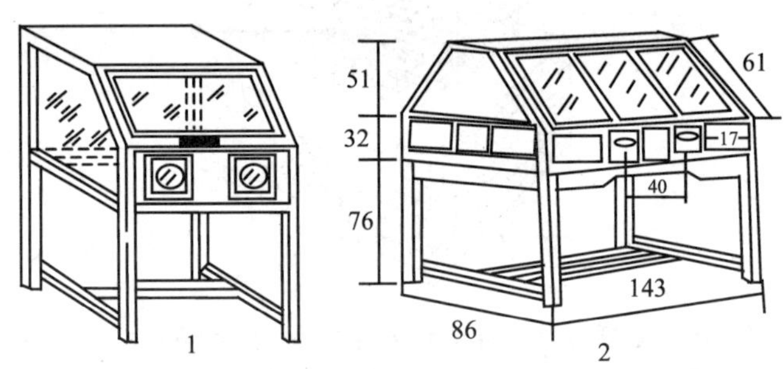

1. 单人接种箱；2. 双人接种箱（单位：厘米）

图 2-3 接种箱

接种箱消毒灭菌时，用紫外线灯照射 30 分钟即可。如果没有紫外线灯，可用甲醛溶液 10 毫升倒入烧杯，再加入高锰酸钾 5 克（也可用酒精灯加热），熏蒸 30 分钟，或用气雾消毒合、“消毒大王”等消毒。

接种箱制作容易，造价低，消毒彻底，移动方便。但箱内容量小，一次接种量也少。

2. 接种室

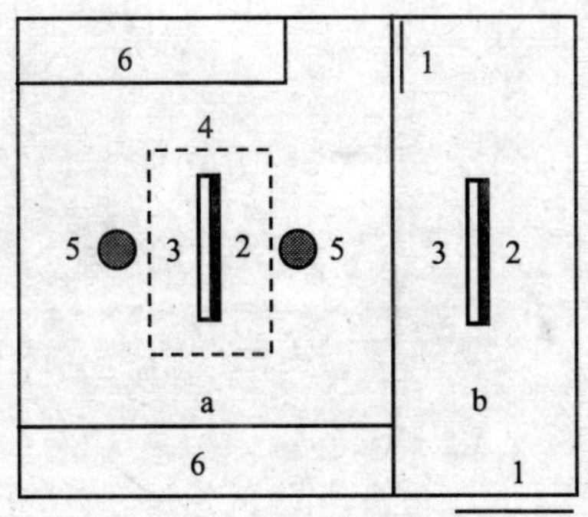

a. 接种间；b. 缓冲间；1. 门；2. 紫外线灯；3. 日光灯；4. 工作台；
5. 椅子；6. 菌种架

图 2-4　接种室

接种室又称无菌室（见图 2-4），一般以面积 4～6 平方米，高 2 米为宜。室内地面、墙壁要求平整、光滑，有利于消毒，门窗关闭后要能和外界空气隔绝。

接种室外要有一缓冲室，供工作人员换鞋、换衣帽等准备工作之用，并可防止外界空气直接进入接种室。

接种室和缓冲室最好用推拉门，两个室的门要错开，不要在一条直线上，以减少空气流动。接种室和缓冲室要装紫外线灯和日光灯。接种室要有工作台及各种用具，如酒精灯、剪刀、镊子、不锈钢小刀、酒精棉球、铅笔等。

使用接种室前，先将室内擦洗干净，再将所需用具及培养基等放入室内，用 3%来苏水喷雾，并打开紫外线灯消毒，密闭约 30 分钟后关闭紫外线灯（或其他方法灭菌），再行接种，接种时，可以一人也可二人配合操作，动作要迅速，严格按照无菌操作进行。

接种室的位置，以在灭菌室和培养室的中间为宜，这样既可以免除搬运过程中造成的污染，也可节约人力和时间。

3. 超净工作台

有条件的可购置超净工作台，它采用过滤空气达到灭菌目的。

接种方便，工作舒服，杂菌污染少，工效高（见图 2-5）。

图 2-5 超净工作台

实际工作中如果把接种箱或超净工作台安置在接种室内，接种效果更好。

4. 接种工具

是指菌种分离、移接时所用的工具。几种常用的接种工具见图 2-6。

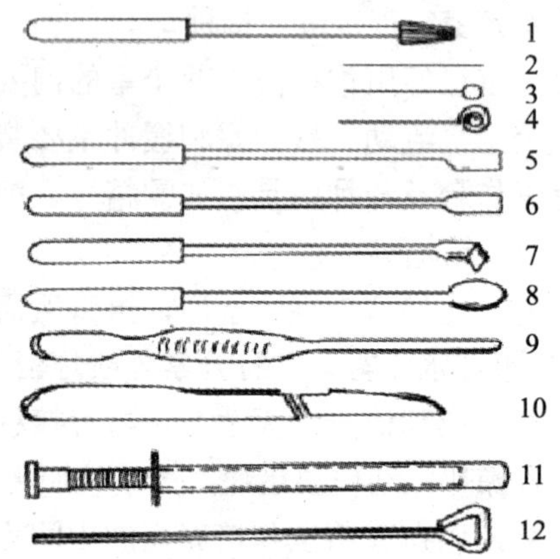

1. 接种棒；2. 接种针；3. 接种环；4. 接种柄；5. 接种刀；6. 接种铲；7.接种锄；8. 接种匙；9. 接种镊子；10. 手术刀；11. 接种枪；12. 刮刀

图 2-6 接种工具

（1）接种棒。又称白金耳棒。由金属杆、胶木柄和前端螺帽组成，端部可固定自制的接种针、接种环、接种圈等。一般用于摄取孢子或钩取菌丝。接种棒分大、中、小三种规格。

（2）接种钩。这种钩是把自行车辐条的一端磨成针状，在尖端 4～5 毫米处弯成直角。这种钩比较尖利，常用于组织分离。

（3）接种刀。由不锈钢刀柄和刀片组成，刀有几种形状可更换。用于菌种分离时切割组织块或削取段木基内菌丝。

（4）接种匙。通常用不锈钢匙与金属棒焊接而成。二级种扩大成三级种时用其舀取菌种。

（5）接种铲和接种耙。把自行车辐条一端锤扁并磨锋利就成为接种铲，若在前端 3～5 毫米处弯成直角就叫接种耙。用于铲取和切割带菌琼脂培养基。

四、培养室

培养室又叫恒温室。是室内培养食用菌菌种的房间。培养室大小根据生产规模设计，通常 12～30 平方米不等。培养室必须干净、通风方便、保温。常配备如下设备：

1. 恒温箱

一般用于培养母种及少量原种。它是菌种培养、性能测定中不可缺少的设备。可购买专业工厂产品或土法自制。

2. 加温设备

一般用电炉，远红外线热风器等。缺电源的地方用火炉。

3. 降温设备

一般来说，在一定的温度和空间，降温比升温难得多。所以一般在高温度季节把菌种转移到地下室、窑洞内或采用地面、墙壁、屋顶喷水等方法降温。有条件的可购买空调器。

4. 培养架

采用木材或角铁制作。一般宽为 60 厘米，层距 50 厘米，底层离地 20 厘米，高、长视培养室大小而定，一般 5～8 层。垫板最好选塑料板，主要用来放置接种后的瓶、袋。

5. 干湿温度计

用来测定环境温度和相对湿度。

菌种厂除具备上述四室外，还应配备相应的仓库，以便用来贮藏原料和必需物资。

第二节　母种制作

一、母种培养基的制作

（一）母种培养基常用配方

由于母种的菌丝较纤细，分解养料的能力弱，所以要在营养丰富而又易于吸收利用的培养基上培养。适宜母种菌丝生长的培养基很多，现介绍几种最广泛应用的母种培养基。

1. 马铃薯葡萄糖琼脂培养基（PDA 培养基）

马铃薯（去皮）200 克，葡萄糖 20 克，琼脂 18～20 克，水 1 000 毫升。

制法：将马铃薯去皮、称重，切成指头大小的小块，加水煮沸 30 分钟，用双层纱布过滤。补充蒸发掉的水分（补足 1 000 毫升水）。加入琼脂继续煮，待琼脂完全溶化后加入葡萄糖，调节 pH 值，然后装入试管，灭菌后制成斜面。广泛适用于培养、保藏各类真菌。但培养猴头菌和草菇，应分别把 pH 值调成偏酸或偏碱。

2. 蛋白胨葡萄糖琼脂培养基

蛋白胨 2 克，维生素 $B_1$5 毫克，葡萄糖 20 克，磷酸二氢钾 2 克，硫酸镁 1 克，琼脂 18～20 克，水 1 000 毫升。

制法：先将蛋白胨和琼脂放在水中煮沸，待全部溶化后加入其他成分即可。适用于培养各种真菌。

3. 小麦（绿豆）汁琼脂综合培养基

小麦（绿豆）400 克，蔗糖 10 克，磷酸二氢钾 2 克，硫酸镁 1.5 克，蛋白胨 5 克，琼脂 18～20 克，水 1 000 毫升。

制法：先将小麦（绿豆）浸泡 4 小时，再加热煮沸 20 分钟，然后用双层纱布过滤，补充蒸发的水分。加入琼脂，待其完全溶化后加入其他成分。适用于各种真菌。

4. 胡萝卜葡萄糖琼脂培养基（CDA）

胡萝卜 100 克，葡萄糖 20 克，琼脂 20 克，水 1 000 毫升。

制法：把胡萝卜切成小块，加水煮沸 30 分钟，用双层纱布过滤，补充水分后，加入琼脂继续加热至琼脂完全溶化，加入葡萄糖即可。适用于各种食用菌，菌丝生长优于（PDA）培养基。

5. 稻草汁琼脂培养基

稻草 200 克（切碎煮汁），蔗糖 20 克，硫酸铵 3 克，琼脂 20 克，水 1 000 毫升。

制法：将稻草切断加水煮沸 30 分钟，用双层纱布过滤取汁，加入琼脂煮沸，至琼脂完全溶化，加入其他成分。适用于草菇生长。

6. 综合 PDA 培养基

马铃薯 100 克，棉籽壳 50 克，麦麸 50 克，葡萄糖 20 克，磷酸二氢钾 2 克，硫酸镁 1 克，硫酸亚铁 0.01 克，维生素 B_1 10 毫克，琼脂 18～20 克，水 1 000 毫升。

效果优于 PDA 培养基。制法：把棉籽壳和麦麸先用纱布包好，再同马铃薯一起加热煮沸 30 分钟，过滤取汁，补水后再加入琼脂，煮至完全溶化，加入其他成分。适用于培养各种真菌。

7. 黄豆粉琼脂培养基

黄豆粉 40 克（煮汁），蔗糖 20 克，过磷酸钙 1.5 克，硫酸镁 0.75 克，琼脂 20 克，水 1 000 毫升。

制法：取黄豆粉放入水中煮沸 30 分钟，过滤取汁，加入琼脂煮至完全溶化，然后加入其他成分。注意：过磷酸钙取其澄清液。适用于木耳菌丝生长。

8. 糯米粉蔗糖琼脂培养基

糯米粉 50 克，蔗糖 15 克，琼脂 20 克，水 1 000 毫升。

制法：取糯米粉 1 份加入水 4 份，55℃下保持 1 小时，然后煮沸，过滤，加琼脂煮沸至完全溶化。加入其他成分，补足水分即成。

适用于灵芝培养，能使菌丝生长旺盛。

9. 竹根豆芽葡萄糖琼脂培养基

鲜竹根 100 克（煮汁），绿豆芽 100 克（煮汁），葡萄糖 10 克，磷酸二氢钾 0.6 克，琼脂 18～20 克，水 1 000 毫升。

制法：取鲜竹根，切成指头大小的小块，放入水中煮沸 15 分钟，加入绿豆芽，继续煮沸 20～30 分钟，过滤取汁，加入琼脂煮至完全溶化时，加入其他成分，补足水分。适用于竹荪培养。

10. 完全培养基（RM）

蛋白胨 2 克，葡萄糖 20 克，磷酸二氢钾 0.46 克，磷酸氢二钾 1 克，琼脂 20 克，水 1 000 毫升。

制法：同蛋白胨琼脂培养基。常用于银耳芽孢培养。有利于羽毛状菌丝交合。如在配方中加酵母膏 0.5～1 克，可使食用菌菌丝生长更旺盛。

（二）母种培养基配制的工艺

母种培养基配制流程大致如下：

称量、取汁与补水→酸碱度的测定和调整→加凝固剂及分装→加棉塞和进行灭菌制斜面（见图 2-7）。现分步介绍如下：

1. 称量、取汁与补水

按配方要求正确称取各种营养物质。贴名标签待用。对去皮切块的马铃薯、胡萝卜、豆芽等进行取汁，放入容器中加清水 1 000 毫升，文火煮沸 20～30 分钟后，用双层纱布（湿）过滤取汁。取汁后继续加热并放入其他成分，加热溶化后，补水量至 1 000 毫升。

2. 酸碱度的测定和调整

测定 pH 值用 pH 试纸或酸度计进行。偏酸时，用稀碱溶液 1 摩氢氧化钠（即称取 4 克氢氧化钠加水 100 毫升）进行调整；偏碱时，用 1 摩稀盐酸溶液（即 84 毫升盐酸加水 916 毫升）调整。

3. 加凝固剂和分装

将琼脂称量后加入溶液，文火煮沸，边加热边搅拌，至全部溶解，再用湿纱布趁热进行分装。分装前要准备好容器，制作母种一般都采用20毫米×200毫米试管分装。分装前要注意把试管清洗干净，新使用的试管因常残留烧碱，用稀硫酸溶液在烧杯中煮沸，冲洗干净，晾干备用。分装时用分装器或人工分装，用带刻度的细玻璃吸管，分装比较简便。装量为试管长度的1/5～1/4，切忌培养基污染管口，若不慎污染应立即用干净纱布擦净。

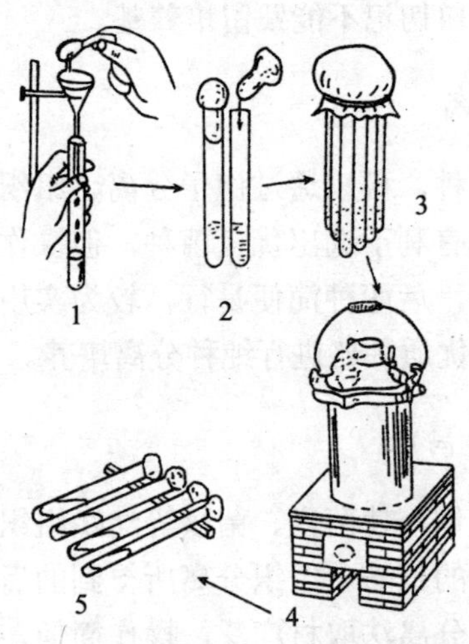

1. 分装培养基；2. 加棉塞；3. 扎把；4. 高压灭菌；5. 冷却制斜面

图2-7　母种培养基配制流程

4. 加棉塞、灭菌和制斜面

棉塞可过滤空气，防止杂菌浸入，还能缓解培养基内水分蒸发。所以在培养基分装后要加棉塞。棉塞用普通棉花制作，不宜用脱脂棉。棉塞大小要适中，松紧要适度，以提起棉塞试管不脱落，拔掉棉塞有轻微响声为宜。插入管内部分占棉塞总长的2/3。棉塞塞好后10支一捆，绑在一起，在棉塞外加一层牛皮纸或两层报纸。装入灭菌锅时试管要竖放，切勿倾斜。保持压力101千帕，温度121℃，20～30分钟后，把培养基取出趁热摆成斜面，斜面长度以不超过试管的1/2长度为宜。为防止斜面管壁产生大量水珠影响接种和培养，最好在锅内慢慢冷至50℃再出锅，或摆好后立即覆盖一层棉花。平板培养基是在无菌条件下，将经灭菌的三角瓶或试管中的培养基，按 10～20 毫升的量倒入无菌培养器中，凝固后即成平板培养基。

在配制培养基时要注意：严格控制各组分的量及酸碱度；正确操作，安全使用灭菌锅；制作斜面时要轻拿轻放，谨慎小心，注意安全；分装后试管口切记不能残留培养基。

二、母种分离

要想获得纯菌种，可以通过孢子分离、组织分离和基质分离的方法进行。前一种有利于选出优良菌种，但操作复杂，工作量大，一般生产不宜选用，后两种简便易行，较为实用。要想获得优良的纯菌种，必须选择优质种菇进行纯种分离培养。

（一）组织分离法

是指采用子实体，使菌索、菌核等幼嫩组织分离获得纯菌丝的方法。属无性繁殖的范畴。组织分离所得到的后代，均能保持亲本的优良特性。组织分离法取材广泛，操作简便，易于成功，是菌种分离中最常用的方法。其程序如下：

选种菇（或菌核）→消毒→挑组织块→接种→培养

1. 伞菌类子实体分离（种菇要求同上）

选好种菇后，在无菌条件下对子实体进行消毒处理（处理方法同孢子分离法）。然后，双手从菌柄处将子实体掰开，用接种针挑取菌盖与菌柄交界处米粒大一小块组织，放在斜面培养基上，在室温下培养 5～7 天，待菌丝长满斜面即可。金针菇个体小，菇盖薄，切取组织不易，可选未开伞的金针菇蕾，经消毒处理后，剥一菌盖用接种针挑取白色菌褶，接种到斜面培养基上即可。

并非所有的食用菌都可用组织分离法得到纯菌种，如红菇、乳菇的菇体细胞已孢囊化，再生力极弱。木耳、银耳子实体中菌丝含量极少，这些菌类进行组织分离不易成功。

2．菌核组织分离

茯苓、猪苓等在不良外界条件下，菌丝常集结成块状的菌核，菌核中的菌丝有较强的再生能力。

菌核选择：选个体较大、饱满健壮、无病虫害的新鲜个体作为分离材料。

分离方法：将菌核冲洗干净，用无菌纱布吸干水分，用无菌刀在无菌条件下把菌核对半切开，在近皮壳处挑取玉米粒大小组织一块，移接至 PDA 斜面培养基上，适温下培养。

（二）基质分离法

是指从长有菇类、耳类的段木或培养基中分离菌丝纯化培育成母种的方法。此法适用于采用组织分离困难的菌类分离纯种。如菇木（耳木）分离法（见图 2-8）：

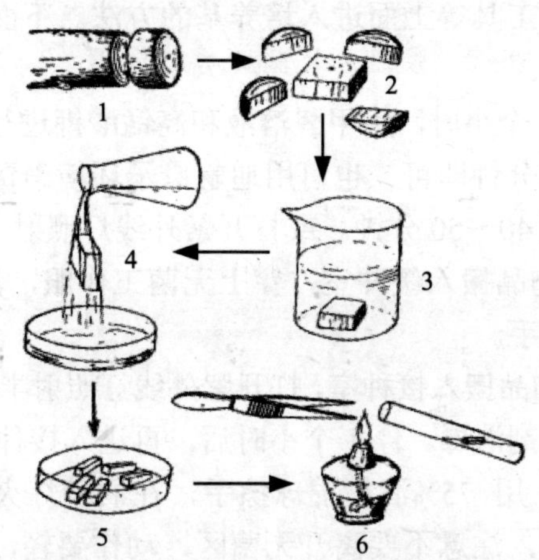

1. 种木；2. 切去外围部分；3. 消毒；4. 无菌水冲洗；5. 切成小块；6. 接入斜面

图 2-8　菇木（耳木）分离法

选取生长旺盛，无病虫害，2～3 年的菇木或耳木一段，在子实体着生部位垂直截取 1～2 厘米厚的木块去皮后用 75%的酒精擦拭消毒，然后蘸取少许酒精点燃，或浸入 0.1%的溶液中消毒 1～2 分钟，然后用无菌水冲洗数次。用无菌刀片将四周木块劈除，取中间部分劈成火柴梗粗细，再切成 0.5 厘米长的小木梗，取一根放入试管斜面培养基上，置适温下培养，几天以后，小木梗周围的培养基上即可长出白色菌丝，经过转管纯化，即得到纯菌种。

三、母种的转管与培养

从分离选育出的母种或从有关单位引进的母种，数量均很少，须经扩大繁殖后才能用于生产。母种要求严格，绝对不允许混有杂菌，否则栽培难以成功。

（一）母种转管的无菌操作规程

所谓无菌是指在接种室内所使用的工具和培养基中，不允许有活着的微生物存在。无菌操作规程，是指在操作时防止任何微生物随气流或附着在工具等上面进入培养基的方法。下面简述母种转管的无菌操作规程：

1. 使用前 1 个小时，用甲醛溶液和高锰酸钾进行熏蒸消毒。熏蒸时间一般 50 分钟即可。也可用迪氩原子环境消毒器对接种空间和器械消毒灭菌 40～50 分钟。或打开紫外线灯照射 30 分钟。

2. 将所需物品搬入缓冲室，穿上无菌工作服，然后用 0.1%的高锰酸钾溶液洗手。

3. 将所需物品搬入接种室，打开紫外线灯照射半小时，或用“菇乐”等气雾消毒剂消毒。停 1 个小时后，再进入接种室工作。

4. 接种前，用 75%酒精棉球擦手，在酒精灯火焰上方的无菌区进行各项操作，注意不要离开无菌区，动作要轻，尽量减少空气流动。用火焰灼烧的接种针挑取菌丝转管。

5. 工作结束，及时取出接种材料，清理接种箱内杂物，打开紫外线灯照射半小时。

（二）母种转管注意事项

1. 母种转管次数不宜过多，以 2～3 次为宜，否则会降低菌种的活力。

2. 所选接种材料必须是菌丝粗壮，生长旺盛，颜色纯正，无杂菌感染的试管母种。

3. 接种量要严格控制，量过小，菌丝生长慢，大小不一、菌丝生长不整齐，量过大则转管数量少，一般一支母种可扩接 30～40 支试管。

4. 每次接种完毕，都要把接种工具灼烧彻底灭菌，才能放回原处，或放入 75%酒精液中，以免污染环境。

5. 试管从接种箱取出前，要塞紧棉塞，并贴好标签，注明菌种编号、接种日期及转管次数，以免造成混杂。

母种经转管后，一般置恒温箱内进行培养。培养时应做好以下工作：

（1）检查菌种标签是否完好，以免培养后不知什么菌种，无法使用。

（2）对恒温箱进行消毒。喷洒杀虫剂和杀菌剂或熏蒸消毒，并用 5%石炭酸溶液擦拭或 75%酒精液擦拭恒温箱。

（3）根据不同菌类的要求，选择各菌类最适宜的温度。

（4）培养期间每天检查一次，如有杂菌污染，及时剔除或进行转管纯化。如果一周以后仍未萌动的应予剔除，并查找原因。

（5）培养标准，菌丝生长旺盛，覆盖整个斜面或平板，无杂菌滋生，即为合格母种。

第三节　原种和栽培种的制作

原种由母种繁殖而成，主要用于繁殖栽培种，也可用于生产。栽培种由原种繁殖而成，用于大量生产。原种和栽培种的培养基基本上相似，这里一并加以介绍。

一、培养基的配制

1. 木屑、麦麸培养基

配方：阔叶树木屑（以壳斗科树为好）77%，麦麸（米糠）20%，蔗糖 2%，石膏 1%。

制法：按比例称取木屑、麦麸、石膏混匀，再称取蔗糖溶于水中。边加水边检查含水量，直至用手握培养料时，指缝略有水分渗出而不下滴为度。适用于香菇、木耳、猴头菌、平菇等。

2. 棉籽壳培养基

配方：棉籽壳 96%，蔗糖 2%，过磷酸钙 1%，石膏 1%。

制法：同木屑、麦麸培养基。适用于平菇、猴头菌、金针菇等。

3. 麦粒培养基

配方：麦粒 100 千克，蔗糖 1 千克，碳酸钙 1 千克。

制法：将小麦粒用水浸泡 4 小时后，煮至麦粒熟而不开花，滤去水分，滤液可制母种培养基或栽培时拌料用。摊在通风处晾 30～40 分钟，使麦粒表皮不湿为宜，加碳酸钙、蔗糖拌匀后装瓶，灭菌。小麦也可用大麦、燕麦、高粱和玉米代替。广泛适用于平菇、草菇、香菇、木耳、蘑菇、猴头菌、金针菇等。

4. 种木培养基

配方：木块或枝条 100 千克，木屑 10 千克，麦麸或米糠 10 千克，蔗糖 0.6 千克，石膏 0.6 千克。

制法：若用枝条，应先剪成 1.5 厘米长的小段，如用较粗菇木或耳木，则应先锯成 2 厘米的板块，去掉心材切成圆形或楔形。然后将上述材料先浸入 1%糖水中 18 小时，取出。其他的木屑¡¢麦麸¡¢糖和石膏按比例混合均匀，加水拌匀（含水量 60%），取其中的 1/3 与木块拌和，装入瓶中，剩余 2/3 木屑麦麸培养基盖在上面，压实，塞棉塞灭菌。此培养基适合于木耳、香菇段木栽培。

5. 稻草培养基

配方：干稻草 90%，麦麸 9%，石膏 1%。

制法：将干稻草切成一寸长小段，浸于水中 1～2 天后捞出，加入麦麸和石膏拌匀，使含水量在65%左右，装入较大的广口瓶中，压实。此培养料适于草菇制种用。

6. 粪草培养基

配方：马粪或牛粪50%，稻草或麦秸50%。

制法：将粪草混合堆积发酵，每隔7天翻动一次，15～20天拣出其中的稻草、麦秸晒干，用时剪成 3 厘米长的小段，加入少许麦麸，按干料加入1%石膏粉，并用水拌湿，调节pH值为7，然后装瓶灭菌，此培养料适用于蘑菇制种用。

二、装瓶与封口

上述配方任选一种，料水混匀后装入无色透明玻璃菌种瓶或罐头瓶。装料时边装边用捣木沿着瓶壁四周适当压实，装至齐瓶肩为止，使上下松紧一致。装瓶后，用捣木细小一端（即上细下粗木棒，下端直径1.5厘米，长约30厘米）在料面中央打一圆孔，深至瓶底，目的是增加瓶内通气量，有利于菌丝生长，也有助于灭菌彻底。

最后擦净瓶口内外壁，塞棉塞或用牛皮纸包扎瓶口，如用罐头瓶，瓶口太大，先用一块聚丙烯塑料薄膜，中间打一个孔，包扎瓶口，再用一张同样大小的牛皮纸包扎在塑料薄膜外面（接种时只解开牛皮纸，菌种从塑料薄膜小孔进去），然后灭菌。

现在，不少地方用耐高温的聚丙烯塑料瓶或聚乙烯塑料袋代替玻璃瓶。筒袋装料的具体方法是：选 17 厘米×35 厘米大小的聚乙烯塑料袋，装料量为塑料袋容量的 2/3，再将四周压紧，捏住袋口，套上一只直径3.5厘米，高3厘米的圆柱形硬质塑料圈（或竹圈），然后翻转袋口塞上棉花塞，包上防潮纸，进行灭菌。也可把聚乙烯塑料薄膜的筒形条带，剪成约 33 厘米长小段，装上培养料，将两端捆扎，灭菌后两头接种，制成栽培种。

三、原种和栽培种培养基的灭菌

这是菌种生产过程中至关重要的一个环节，灭菌是否彻底直接影响到菌种生产的成败。应该引起高度重视。常用的灭菌方法有：

1. 高压蒸汽灭菌

通常在高压灭菌锅内进行。排完冷空气后，当蒸汽压力达到154千帕，温度125℃时，调节热源，维持1～2小时。打开锅盖，取出物品。

2. 常压蒸汽灭菌

在土蒸汽锅或普通蒸笼内进行。温度100℃，保持8～10小时。常压灭菌维持时间较长，灭菌过程中pH值会有所下降，因此，灭菌前培养料的pH值要适当提高一些。

四、原种和栽培种的接种及培养

原种又叫二级菌种，实际上由母种移接到原种培养基上，经培养后获得。制作原种的目的，一是为了扩大菌种量，满足生产的需要；二是让菌丝对秸秆类物质有个适应能力；三是在培养过程中可以使菌丝变得粗壮，增强分解养分的能力。

原种接种前须将接种工具和培养基灭菌，接种环境消毒。同时点燃酒精灯。通常用灭菌接种针把母种菌丝连同培养基划分成4～6块，一瓶原种接上一块，立即塞上棉塞或包扎好包盖纸，每接完一支母种试管，接种器就要重新火焰灭菌（即在酒精灯火焰上烧红）一次，然后再接另一支试管。

栽培种是直接用于生产栽培的菌种，也叫三级种或生产种。栽培种的制作方式有瓶装和袋装两种。瓶装的操作过程基本上同原种，所不同的是原种是用适量的母种移接，而栽培种用培养好的原种扩大接种。袋装，就是把培养料装在袋子里，松紧适度，装好后两头擦净，扎紧，灭菌后温度下降至30℃左右，在袋子两头接种。接种后又把塑料袋两头扎紧并沾生石灰粉，以防止杂菌进入，然后置于25℃下培养25～30天，菌丝即可长满全袋。

一瓶原种可接栽培种100～200瓶，或栽培袋50～80袋。

五、原种和栽培种制备应注意的问题

（1）培养料的配方，要进行合理调配，在使用木屑、棉籽壳、玉米芯作培养基时，加入的辅料如麦麸或米糠等，一般含量可在10%左右，超过25%时，会造成氮素过剩，在发菌期还易感染杂菌。

（2）培养料的含水量一般要比栽培所用的培养料要稍干一些。料水比以（1∶1.1）～（1∶1.2）为好，或用手握培养料指缝间有水滴出现为宜。培养料过湿菌丝向下延伸慢。一般来说含水量偏低些，可延缓菌种衰老。

（3）装瓶时，培养料要松紧适度，不要装得过实或过松。过实通气不良，菌丝生长慢；过松菌丝生长较快，但长势弱，无劲，稀疏。培养料装至瓶肩为好。

（4）严格无菌操作，培养料装瓶（袋）后要及时灭菌。特别是在高温季节，装瓶后尽量随装随灭菌不要过夜，以免培养料发酵酸败，接种时要注意各个环节的消毒灭菌，以防杂菌污染。如夏季高温期，接种时间不宜过长，否则接种箱里酒精灯长时间点燃，可使箱内温度上升到40℃以上，从而使菌种损伤，恢复慢或不能成活。

（5）利用甲醛和高锰酸钾熏蒸灭菌时，药量要适宜，即每立方米空间用 10 毫升甲醛和 5 克高锰酸钾。药量过大，菌丝会受药害而死亡，或菌丝受到抑制。若用硫黄熏蒸时如果室内地面或墙壁上喷少量水，使二氧化硫与水反应生成亚硫酸可提高杀菌效果。

六、液体菌种

食用菌的菌丝体，不仅可以在固体培养基上生长，也可以在液体培养基上生长，由于在液体中便于吸收养分和及时排出代谢物质，所以菌丝发育比固体培养基迅速得多。

液体培养基可以采用工业废液为主要原料，如酒精水、味精废液、豆腐水、废糖蜜水等，再补加一些碳氮等营养物质。制作时，如生产量不大，可采用振荡培养。将 100 毫升培养液注入 500 毫升三角瓶内，同时放入直径 2～3 毫米的玻璃珠 10 余粒。塞上外加牛皮纸的棉塞进行灭菌，接入母种，在 25℃下静置培养 72 小时，再在摇瓶机或摇床上振荡培养 6～7 天。此时，菌丝可长得相当稠密。然后用手猛烈敲击三角瓶，使瓶内的玻璃珠将菌丝击碎，将菌液接入菌种瓶，可培养成栽培种。

大量生产液体菌种时，则采用深层通气培养，将振荡培养成的菌种，压入二级种子罐在适温下通入无菌空气并加以搅拌，培养2～3天，后再压入发酵罐，进一步扩大培养。2～3天后，即成栽培种。

液体菌种生产具有周期短，产量高，成本低，有利于机械化，自动化生产，且有菌龄一致等优点，但所需设备投资较大。而且技术密集，目前只少数单位开始采用，也是菌种生产的一个发展趋势。

第四节　菌种的保藏

一个优良的菌种被选育出来以后，必须保持其优良性状不衰退，不污染杂菌，不死亡，才不致降低生产性能。因此，保藏好菌种，对研究和生产都具有十分重要的意义。

菌种保藏的基本手段是采用干燥、低温、真空等方法降低其代谢强度，使之处于休眠状态。

一、母种的保藏

母种由于量少，一般多保藏于冰箱内，因处理方法各异，分为以下几种：

1. 斜面低温保藏法

把培养好的斜面菌种从试管口将棉塞剪平，用固体石蜡密封管口，包上牛皮纸，再装入塑料袋，以防潮湿，置于4～5℃下保藏。以后每3～5个月转管一次。草菇种在10℃以下容易死亡，因此需要在10～13℃的环境下保藏。在无冰箱的条件下，可将菌种密封后埋藏于固体尿素或硝酸铵中，也可把菌种放入密闭的广口瓶或塑料袋中，悬入井底保藏。此法可保持1～2个月。

2. 液体石蜡保藏法

菌丝体菌种均可用此法保藏。一般可保藏1年或更长时间。液体石蜡又名矿油，用前将石蜡分装于三角瓶中，加棉塞，经高压灭菌2次（常规），由于液体石蜡在高压蒸汽灭菌时常有水蒸气进入，需在 60℃的烘箱中烘 1～2 天，使其中的水分蒸发后再用。用吸管将液体石蜡注入到要保藏的试管斜面菌种上，用量要高出斜面尖端 1～2 厘米，将棉塞齐口剪平，再用固体石蜡密封管口，垂直放置于冰箱中。使用时不必倒光矿油，只要用接种针从石蜡中挑取一小块菌丝，在无菌水中洗涤，然后接入试管斜面培养基上即可。菌种可重新封口继续保藏。

3. 麦粒保藏法

麦粒是制作食用菌原种的良好材料，也适用于保藏菌种，制法参照原种培养基。

4. 木屑简易保藏法

木屑培养基的配方与制法可参照第三节制种部分。在上述配方中每 50 千克料需加 250 克碳酸钙，加水量比一般培养基稍少些。将配好的木屑培养基装入试管内，稍捣实，灭菌后将试管斜面菌种接入试管木屑培养基上，置于 23～25℃下培养，待菌丝快长满时，将其移入温度较低、黑暗、干燥、清洁的室内保藏。室温在 25℃以上时，每 3～4 天开门通风 1 次，每次 30 分钟。此法适用于农村食用菌专业户保藏母种和原种，用此法保藏的平菇菌种，时间可长达 1 年，菌种存活率高，不影响产量和质量。

二、原种和栽培种的保藏

培养好的原种和栽培种如不能马上使用或使用不完，在有条件的单位可保藏在冰箱内，但也可以保藏于阴凉、干燥、无菌的菌种室内，室温 10～20℃，如温度低，保藏时间可长些，温度高，保藏时间应短些。总之，保藏室的温度不应超过 20℃，但不能低于 10℃。

另外，菌种一般应在无光条件下保藏。

思考题

1. 简述食用菌菌种生产的工艺流程。
2. 试以 PDA 培养基的配制为例，说明母种培养基的制作过程。
3. 举例说明原种和栽培种培养基的制作方法。

4. 原种和栽培种制作过程中应注意哪些问题？
5. 如何鉴定原种和栽培种质量的好坏？
6. 生产上常用菌种保藏的方法有哪些？试举例加以说明。

第三章　香菇栽培

第一节　概述

香菇俗称冬菇，在真菌分类学中属于真菌门，担子菌亚门、层菌纲、伞菌目、伞菌科、香菇属。

香菇是众所周知的食用菌，它那沁人肺腑独特的芳香为其他食用菌所不及，也是其他食用菌无法替代的。《菌谱》中描述香菇的文字是："肌理至洁，芳芗韵味发釜鬲，闻百步外。"常用于治疗脾胃虚弱，食滞纳呆，食后脘腹胀满，四肢倦怠无力，面黄，消瘦以及小儿麻疹透发不畅等症。现代医学研究认为，香菇含有人体所需 8 种氨基酸中的 7 种，还含有核酸类物质和多种维生素。对儿童佝偻病、成人心脏病、神经炎、恶性贫血、肠炎、肝硬化和坏血病等均有一定的疗效。特别是含有一般蔬菜所缺乏的维生素 D 原（麦角甾醇），被人体吸收后，能转变为维生素 D，增强人体的抵抗力。此外，香菇还能降低胆固醇。最近研究发现，香菇能提高机体的免疫力，能阻止癌细胞发生，对已诱发的癌细胞，亦有抑制作用。

我国栽培香菇已有 800 多年的历史。传统世袭的方法是砍花栽培，“靠天吃饭”，周期长，产量低。20 世纪 20 年代，日本首先利用木屑菌种，进行人工段木栽培获得成功。40 年代传入我国，50 年代有了较大发展。70 年代上海农科院食用菌研究所开创木屑菌种栽培新工艺，带动了国内木屑菌种种植热。然而这种工艺较为繁琐，而且破瓶污染率较高。80 年代福建古田县彭兆旺首创塑料袋（人造菇木）栽培法，该法产量较高，经过同仁们不断地完善，获得了较为明显的经济效益。90 年代河南泌阳发展了小棚大袋立体栽培，使香菇的产量和花菇率大大提高。

第二节　香菇的生物学特性

一、香菇的形态特征

香菇由菌丝体和子实体两部分组成。菌丝体由担孢子萌发而成，呈白色绒毛状，在斜面培养基上平铺生长，在试管内略有爬壁现象，边缘呈不规则弯曲。老化时略有淡黄色色素分泌，使培养基质变淡黄色。在适宜条件下，扭结形成原基，进一步发育成子实体。

子实体是香菇的繁殖器官，由菌盖、菌褶、菌柄三部分构成。菌盖位于子实体上部，幼蕾时菌盖内卷，呈半球形。逐渐平展，即示趋于成熟。菌盖表皮色泽为淡褐色或茶褐色，盖面披有丛状纤毛，有的出现菊花样纹斑，甚至龟裂，菌肉肥厚，洁白。香菇的品质好坏，主要取决于菇盖的大小、厚薄、色泽的纹理。在低温、干燥环境条件下，菌盖表面产生龟裂露出白色菌肉，称为花菇。菌褶是孕育孢子的场所。着生于菌盖下方，辐射状排列，呈刀片状，不等长，弯生。两侧着生有担子和担孢子。菌柄中生或偏生于菌盖下方，呈圆柱形或近圆柱形，起支撑作用。

二、香菇生活史

香菇的生活史是从担孢子萌发开始。担孢子萌发形成单核菌丝，单核菌丝经过质配形成双核菌丝，双核菌丝大量增殖，当外界环境（温度差）刺激后扭结形成原基，进一步发育形成子实体。子实体中成熟的担子经过核配和减数分裂形成担孢子，担孢子成熟后弹射，在适宜的条件下萌发，开始新的生活史。

三、香菇的生活条件

1. 营养物质

香菇需要的营养物质，主要有碳源、氮源、矿物质元素和少量的生长辅助物质等。这些营养主要从分解木质素、纤维素来获得。人工配制原料时，可添加适量的麦麸或米糠、硫酸镁、石膏和糖类，以满足香菇营养的需要。

2. 温度

温度是影响香菇生长及培育花菇的重要因素之一，不同发育阶段对温度要求不同。孢子在 15～32℃之间都能萌发，以 22～36℃为最好；菌丝在 5～34℃都能生长发育，以 24～27℃为最适宜；子实体形成的温度比菌丝体生长发育阶段低，一般香菇原基 5～25℃分化（视品种而定）。香菇属变温结实性菇类，原基形成要有一定的昼夜温差。温差的幅度则由香菇品种所决定，高温型品种所需要温差幅度较小（3～5℃）；低温型品种诱导原基分化的温差为5～10℃。香菇原基形成之后，分化出菇体的各器官，在适温内随着气温升高，子实体发育加快，以致多出薄皮菇，质地较差；在低温下，虽发育缓慢，但菇质较优，肥厚浓香，再利用干燥等条件就可培育出优质花菇。原基分化与发育的最适温度随着菌株的不同而有差异。通常根据香菇子实体分化所需的温度不同，将香菇分为：

高温品系：20～25℃分化子实体。

中温品系：15～20℃分化子实体。

低温品系：5～10℃分化子实体。

因此在生产实践中，根据当地冬季气温变化范围，选定相应的品种是至关重要的。

3. 湿度

水分是香菇生命活动的基础。香菇对水分的要求包括两方面：一是培养料的含水量；二是空气中的相对湿度。香菇不同发育阶段对水分和空气的相对湿度要求不同。菌丝发育阶段要求培养料含水量为55%～60%，空气相对湿度60%～70%。子实体分化阶段，要求空气相对湿度 80%～90%，人工栽培时，为培育优质花菇，常把空气相对湿度控制在70%以下。

4. 空气

香菇属好气性菌类。足够的新鲜空气是保证香菇正常生长发育的重要条件。缺氧时菌丝易衰老，易引起杂菌污染。子实体阶段缺氧会出现长菇脚、大脚菇、柄大盖小等畸形菇。因此要求栽培场所通气良好。

5. 光照

香菇菌丝阶段不需要光，强光反而抑制菌丝生长，使菌丝易衰老。菌袋表面产生褐色菌膜。子实体分化及生长需要一定的散射光。在完全黑暗的情况下，不能形成子实体，即使已形成的子实体也不会生长。子实体生长阶段，若光线不足，菌盖小，菌肉薄，颜色浅，菌柄长。若光照充足，子实体分化数量多，朵大，肉厚，质优，菇形美观。

6. 酸碱度（pH 值）

香菇喜欢生长在酸性环境里，菌丝在 pH 值 2.5～7.5 之间都能生长，以 5～5.5 最合适。原基形成和子实体生长以 4～5 为好。秋季栽培因温度较高，为减少杂菌污染，可将培养料 pH 值调到 6.5～7.5。

总而言之，以上这些生活条件是综合对香菇发生作用的，在营养条件完全满足的情况下，香菇能否顺利地从营养生长转入生殖生长并结菇，主要因子是温差刺激、湿度和光照。当原基形成后，能否进一步发育，关键在于通风换气，同时还必须保证有适当的相湿度和光照。因此在栽培中，尽量模拟和创造最适合于香菇生长的环境条件，才能获得丰产。

第三节　段木栽培技术

一、段木栽培的特点及程序

将适宜栽培香菇的阔叶树原木伐倒后，截成短的段木，播种纯香菇菌种生产香菇的技术，称为段木栽培。可以充分利用砍伐后适宜树种的枝桠柴、间伐柴，直径大于 6 厘米的段木都能用于栽培香菇。每立方米段木 3～4 年内可收干菇 8～12 千克，收获量为传统“砍花”栽培的 5 倍以上，段木香菇质量优于代料栽培法，在国际市场上备受欢迎。其栽培程序如下：

确定栽培季节→栽培前准备→段木准备→接种→菌丝管理→补水催蕾→出菇管理→适时采收。

二、栽培季节和生产周期

自然界中香菇菌丝在适宜的枯木或倒木的树皮下蔓延，进入秋冬以后在温差刺激下，香菇菌丝扭结形成原基，突破树皮暴露于空间。在香菇的一生中，树皮对香菇菌丝起着保温、保湿、防污染和提供部分营养的作用。树皮一旦脱落，就别指望再长出香菇来了。一般惊蛰以后大地回春，树干形成层日趋活跃，细胞不断分裂，此时砍伐，很容易造成树皮的脱落。因而砍伐终期只能在惊蛰前。砍伐后的段木内细胞尚未死去，不能马上种植香菇。香菇属于典型的腐生菌，只能降解死亡的细胞，汲取营养，营造自身。故砍伐后要经过适当失水致死，达到适湿，香菇菌丝才能在其上定植。在段木栽培中，材质组织较木屑组织坚硬得多，在适宜条件下，菌丝要经过漫长的春夏两季才能充分蔓延，有的甚至要到第二年秋季。因此香菇段木栽培为冬春砍树、播种，秋冬收获。

三、菇场选择与清理

菇场选择有两个含义，一是符合香菇生长发育的要求，才能获得优质高产；二是对经营管理上有利。因此，菇场应选在海拔400～800米，坐北向南或东南向，选在酸性、多含石砾的砂质土壤为好，菇场应靠近水源，便于浇灌或浸木催菇，但低洼潮湿地不能作菇场。菇场附近应有丰富的菇树资源，菇木可供长期周转使用。

菇场选定后要清除场内的枯枝落叶和乱石杂草，清理后地面上最好撒上石灰粉消毒。建排水沟和蓄水池，装好喷灌设施，无天然遮荫或遮荫度不够的场地，要搭建人工荫棚。

四、菇树选择与段木准备

（一）菇树的选择

我国菇树资源丰富，据统计，适合香菇生长的树木有200多种，其中大多数属壳斗科、桦木科、金缕梅科，此外还有大戟科、胡桃科、漆树科、藤黄科、蔷薇科和山茶科等。

（二）段木准备

1. 树龄及粗细

传统种香菇，树龄要求在30年左右，树径20厘米以上。现代种香菇，不宜采用过粗的树木，以直径8～20厘米，树龄10～25年为宜。

2. 砍伐季节

一般在冬季落叶期后到春季发芽前砍伐为好，河南省可在11月至翌年的3月。

3. 砍伐方法和截段

砍伐菇木不能用锯子锯，必须用斧砍伐，而且伐口最好是呈“鸦雀嘴”状，以利于萌发再生。砍倒的树木剃枝后截成段木，段木长1～1.2米。砍伐过程中应保证树皮完整，在断面上涂抹石灰水，以减少杂菌污染。

4. 架晒干燥

段木砍伐后要进行适当干燥，一般多堆成井字堆架晒，使水分失去一部分。使段木含水量在 38%～42%之间（在外观上断面出现细小鸡爪纹而不裂透）。这样的含水量适合香菇菌丝生长。低于 38%菌丝生长很慢，或接种后逐渐失水干燥，不易成活；低于 20%菌丝根本不能生长。如果含水量在段木中高达 60%，也不适合香菇菌丝生长。

五、菌种选择与接种

（一）菌种选择

目前用于栽培香菇的菌种，根据培养基的不同，有木屑菌种、木块菌种、枝条菌种和液体菌种等，现广泛使用的是木屑菌种和枝条菌种。

根据栽培目标，当地气候条件及市场销售预测选用适合当地的早、中、晚熟菌种。菌种要纯，无杂菌，新鲜，生长活力强。选用品种不要单一化，要 2～3 个品种搭配使用，以免采收和烘干时间过于集中，或因气温不正常而大面积受损。

（二）接种

1. 打孔

段木栽培的关键是将菌种接入树皮下富含营养部分的形成层中，因此需在段木上打孔。在段木上打接种穴常用的工具有皮带冲、铁锤和电钻等。无论采用哪种打孔方法，要求孔径 1.2～1.3 厘米，穴深 1.5～1.8 厘米，行距 7～10 厘米，穴距 15～20 厘米。一般直径 15 厘米以下的段木打 2～3 行穴。香菇菌丝沿段木纵向生长较快，横向较慢，它们之间的生长速度比为 4∶1。由表向里的生长速度更慢，所以接种穴的排列及深度必须视情况而适当变化，穴与穴间要呈梅花形排列。

2. 接种

采用瓶装菌种时，先把瓶颈及瓶身用酒精棉球擦净，拔去棉塞后用铁钩把菌种从瓶内挖出，放在消过毒的容器里，不要让太阳暴晒。若用袋装菌种，在塑料袋的上部开口后即可接种。菌种要尽量成块。接种人员用 75%酒精擦手消毒，用手捏一块菌种放入已打好接种穴的段木穴中。放入接种穴中的菌种要适量，太多太少均不利于菌丝生长。

3. 封口

以往常用树皮盖做封口，一般树皮盖厚度约为 0.3 厘米，若皮盖太薄则容易使之晒裂脱落。皮盖只有比接种穴略大些（14 毫米皮带冲冲出的树皮盖可与 12 毫米孔穴配合）才能盖紧。盖接种穴时，盖皮的纹理应与段木平行。接种后应立即盖上盖皮。另一种方法为涂蜡封口（见图 3-1），配方含石蜡 70%，松香 20%，动植物油 10%。将此混合物装于空铁罐中，加热使之融匀，再用末端捆有棉花的细棒把蜡涂于菌种穴上，涂蜡直径至少要 3 厘米以上。此法优点甚多，可防止雨水及杂菌或害虫侵入（而不必担心烫死菌种），还可以防止菌种风干。

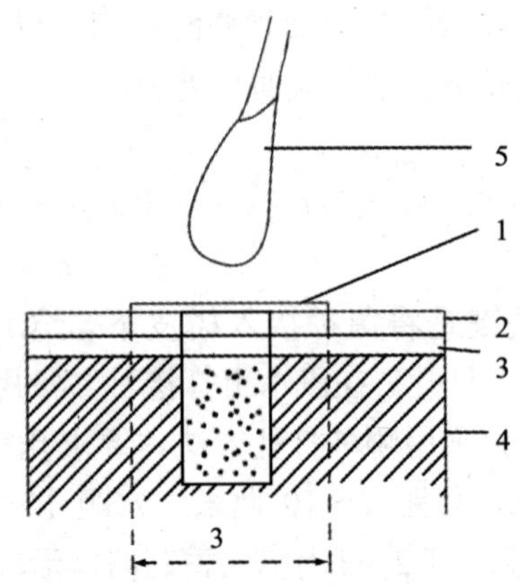

1. 蜡层；2. 树皮；3. 形成层；4. 木质部；5. 涂蜡棒

图 3-1 涂蜡封口

六、菌丝生长期的管理

接种过香菇菌种的段木称菇木。从接种到菌丝长满整个菇木需

8 个月以上的时间，在这样漫长的时间里，又多是靠自然温度，因此必须细心管理，使香菇菌丝在菇木中顺利生长。

接种后香菇菌丝植入段木中，段木的水分又在不断蒸发减少，接种时往往气温偏低，这些因素对菌丝萌发定植十分不利。人工栽培首先要保证菌种萌发定植，刚接过种的段木要上堆发菌。在发菌的场地上，先垫几块石头，然后像堆柴一样一根一根地顺着堆叠起来，这叫顺码式堆放，堆高 1 米，堆上盖薄膜，薄膜上再盖一层干草或秸秆。气温低时覆盖物要厚些，这一段主要应增温保温，使温度达 25℃左右，盖膜后每 3～5 天趁中午天气暖和时掀起通风。如遇雨，雨后湿度大，更要加强通风。堆温不要超过 28℃。接种 20 天后要随机抽 1～2 根段木观察，如在接种穴四周有白色菌丝，说明菌丝已生长。如菌种块变成淡黄色并呈粉状，说明太干燥，要适当喷水。如菌块变黑，发黏并有臭味等，则是因段木过湿使杂菌侵入而致，此时应把堆木排开，通风干燥，并补种。此外菇木的堆放方式还有竖堆、横堆和井字形堆叠等。气温低时可堆得密些，气温高时堆得稀疏些。

总之，在低温接种后，以保温发菌为主，3 月至 5 月，把菇木堆成“井”字形，上面覆盖树枝防日晒。6 月至 9 月，堆成覆瓦状，以通风换气防日晒为主，尤其要注意降湿、降温。10 月份以后，要经常翻堆，每隔一周淋水一次，造成干湿交替的环境。

七、补水及催蕾

菇木中的香菇菌丝生长到一定程度，达到生理成熟，这时如果外界条件适合，便进入出菇阶段。

经过半年以上的上堆发菌，菇木中的水分往往失去很多，菇木菌丝生长成熟后，原基的分化和子实体生长，均要求菇木吸收足够的水分。菇木中水分不足，就影响原基形成和幼菇生长，因此应补充水分。补充水分的方法有喷水和浸水两种。

（1）喷水。喷水前先将菌丝生长已达生理成熟的菇木集中倒地，然后连续喷水 4～5 天，每天间歇喷淋 3～5 小时。喷水要均匀，水源条件好的可采用灌浇。当菇木含水量达 60%时，停止喷水。

（2）浸水。将菇木放在水中浸没 8～15 小时。水温高，水分渗入快，浸水时间短些；水温低，则时间要长些；浸水时的水温比菇木温度低 5～10℃，还会起到催蕾的作用，使出菇整齐。一般当年的菇木浸水时间要长些，浸 24～36 小时，3 年以上的菇木浸水时间短些，需 6～12 小时。

喷水或浸水之后，将菇木“井”字形或其他形式堆放并淋水，堆放的高度视场地干湿、天气晴雨而定。根据菇木吸水程度、气象条件等决定盖不盖薄膜。一般当气温在 12～18℃时，2～5 天之后就可陆续看到“爆蕾”。生理未成熟的菇木，浸水刺激后仅能出零星小菇，所以补水等催菇措施，只能适用于菌丝生理充分成熟的菇木。

也有人将浸水之后的菇木捞出，放在石墩上敲打几下，老法称之为“惊蕈”，而日本人称之为击木出菇。可促进现蕾。白天和夜晚有 10℃以上的温差可促进现蕾，形成温差的方法除自然形成外，也可用白天盖膜，晚上揭去的办法，人为地形成温差。

浸水、击木、温差刺激是催蕾的三个方法，可视情况灵活掌握。

八、出菇后的管理

补水使菇木吸足水分，菇木出现大量的原基或菇蕾后，就要起架进行出菇后（即幼菇生长期）的管理。

（一）起架

当爆出的菇蕾如小拇指大小时，就可以准备起架。起架之前，必须在山风口设立“围屏”以提高出菇场湿度。在出菇场栽上一排排木桩，木桩高 60～70 厘米，两根木桩之间用刺丝或横杆相连。横杆或刺丝（防滑脱）距地面 60 厘米，然后将菇木一根根地交叉排列斜靠在横杆两侧呈人字形，菇木大头朝上，小头着地，菇木间留 10 厘米左右的间隔，以利幼菇生长和管理。

（二）出菇后管理

根据香菇子实体生长的季节，有秋菇、冬菇、春菇之分，各时期的侧重点有所不同。

1．秋菇管理

1—3 月份接种的菇木，经过一个夏季，菌丝体可长满整个段木内部，当年 9—11 月可开始出菇，但当年产量较少。这个季节，自然温度适合香菇子实体生长，但雨水较少，菇木水分蒸发较快，不利于秋菇生长，为此要特别注意喷水增湿，调节菇木含水量，使菇木含水量保持在 50%～60%，菇场空气相对湿度在 80%～90%之间，原基现出菇蕾后，子实体长到 1～2 厘米之前，防干保湿非常重要，喷水应在傍晚进行，向地面和空间喷洒，且要细要匀。如遇阴雨连绵，应搭棚遮盖，以防雨水滴在菇体上，造成菇盖腐烂，降低香菇质量。

2．冬菇管理

冬菇发生在初冬和早春。这个季节气温低，菇体生长慢，但是菌盖肥厚，菌柄粗短，菌肉细密，香菇商品价值高。特别是初冬或早春夜间温度低于 6℃，白天可达 12℃以上时，长成的香菇质量最优。冬季气温低于 4℃，香菇就会停止生长。冬季常有霜冻和雪天，对香菇生长不利。所以冬季管理除要防止菇木干燥失水外，还要特别注意保温防寒以利香菇生长发育。

3．春菇管理

春菇发生季节在立春和清明前后。这个季节气温逐渐回升，雨水渐渐增多，有利香菇大量发生，但多是生长快、菌盖肉薄的香菇。春季竞争性杂菌和害虫也会大量发生，因而要特别注意环境的清洁卫生，防止病虫害发生，春菇生产期间一定要遮荫。

香菇从原基形成、分化幼菇直至长大成熟，所需时间不同，春季一星期左右，秋季 7～10 天，冬季要 15 天以上，甚至更长。

九、采收后菇木管理

当香菇的菌盖有 6～7 分开展，边缘内卷，盖缘的菌幕清晰可见时为采收适期。采摘时用手捏住菇柄的基部，轻轻扭转后拔起。要保护好树皮，防止将树皮成片撕下，也不能将残断的菇柄留在菇木上。采摘要分次采，成熟一个采收一个。

一般来说一年内 6—8 月的自然气温不适于香菇生长。经过几个月菇木出几茬菇后，菇木中的水分和营养消耗很大，为了使第二年继续获得高产优质的香菇，必须加强收获期结束后菇木的管理工作，尽快使菌丝恢复生长，顺利越夏。其做法是：首先，将菇木堆放成“井”字形，给予养菌适宜的温度、湿度和新鲜空气等条件，让菌丝继续生长，积累营养；其次，产过菇的菇木，易于吸潮和被杂菌、害虫为害，因此注意防潮、防杂菌、防虫害；其三，要避免阳光直射，为此菇木堆放地最好安排在林下或在其上加盖树枝、秸秆等，或搭荫棚越夏，防止菇木内的菌丝被晒死；其四，雨水过多的季节，要防止菇木吸水过多，上面搭上薄膜。天气干旱时要喷水保湿。管理好的菇木可出菇 4～5 年，长者可达 6～7 年。

第四节　代料栽培技术

一、花菇栽培技术（小棚大袋立体栽培技术）

小棚大袋立体培育花菇技术，是在代料小袋（人造菇木）栽培的基础上发展而来的，是河南省泌阳县创造的一种栽培模式。主要特点是小棚便于管理，大袋营养充足，立体可充分利用空间，因此具有占地少，花菇率高，产量高，管理方便的优点。主要技术措施如下：

（一）栽培季节与生产周期

1. 接种期

河南省东部秋栽最佳接种期一般为 8 月 20 日至 9 月 30 日。各地海拔高度不同，每年气候变化不完全一致，因此要灵活掌握，以旬最高气温不超过 28℃接种为最宜。迟至 10 月份接种，每推迟 10 天，出菇期将推迟一个月。在最佳接种期内要尽早接种。

2. 菌丝生长期

接种后 9 月至 11 月上旬是香菇菌丝生长最佳季节，一般需 60～70 天可长满袋。只要外界条件适宜，当菌丝长满袋，出现瘤状物后，10～15 天可完成转色。如果 11 月上、中旬完不成转色，出菇要推迟，得不到好的产量和效益。

3. 出菇期

只要菌丝转色及时正常，11 月下旬即可出菇，春节前可收 2～3 茬花菇，春节后收 1～2 茬花菇及 1～2 茬厚菇或薄菇。11 月至次年 3 月正是低温干燥天气，利于培育花菇。

小棚大袋立体培育花菇技术，从接种到采收完毕，整个生产周期 9 个月左右。

（二）培养料选择与配制

培养料是香菇生长发育的基础，选料是否最优、配比是否合理、混合是否均匀、干湿度是否合适，直接影响香菇菌丝的生长和产量高低。在多种主料中，以栎树木屑为最佳，木屑粗细以米粒大小为适宜，要求无杂质、无霉变、干燥。桑枝条、苹果树枝条、棉柴粉碎后也是较好的主料。棉籽壳也可搭配使用。

常用配方是：木屑 1 000 千克，麦麸 200 千克，石膏 20 千克，磷酸二氢钾 3 千克。石灰 5～10 千克。霉克星一号 7 千克，二号 3.5 千克。上述主辅料充分混合均匀，使含水量达 55%～60%，pH 值 7～7.5。注意水分切勿过量。

（三）装袋及灭菌

常用宽 24～25 厘米，长 55 厘米的低压聚乙烯专用筒料，一端先用线扎紧，用火熔封，以不漏气为准。每千克筒料可截 100 个左右。

混合均匀的培养料要立即装袋，放置时间过长会发酵变酸，影响菌丝生长，要求从配料到装袋结束最好在 4 小时内完成。装袋要松紧适当，以手托中央，没有松软感，料袋不变形为度。装好后用线扎口，先直扎再折转扎紧，防止蒸料时蒸汽进入，造成积水。扎口时要把袋口的培养料擦净再扎，防止杂菌从此处污染。装袋和搬运过程中要细心，不要刺破料袋。

料袋装完后要立即进行常压灭菌。袋在灶内摆放要平稳，上下对齐，灶中间，四周和顶部要留一定的通风道。装锅同时生火，大火攻头，争取在 4～6 小时内升温达 100℃，维持 16～20 小时，若使用了霉克星维持 2～3 小时即可。及时补水，防止烧干锅，每小时约耗水 20 升左右。灭菌完毕，当温度降至 60～70℃时趁热出锅，将灭过菌的袋子移入接种室冷却。

（四）菌种选择与接种

春栽、秋栽要选择不同的香菇品种。现以秋栽为例。一般要选用早熟品种，如 087、农 7、856、L26 等，要两个以上的品种搭配使用，防止单一。常用的有木屑菌种和枝条菌种两个类型。木屑菌种发菌快，且整齐，枝条菌种接种方便。

接种室、发菌室为同一房间，12～15 平方米大小的房间可以摆放 500 个左右的菌袋。使用前 7～10 天打扫干净，老房要用石灰水粉刷墙壁，房间潮湿时可撒生石灰除湿。使用前 4 天可用甲醛（250～500 毫升）或硫磺（0.5～1 千克）熏蒸消毒 24 小时以上。

料袋移入接种室后，把接种用具全部放入室内，用甲醛进行第二次消毒，用量同上。8～10 小时后开始接种，若甲醛味浓可用氨水消除。

接种人员衣帽要干净，戴口罩，用 75%酒精擦手消毒，四人为一组，一人用酒精擦菌袋并打孔，一般打二行，上面一行 4 个，另一面 5 个，交错排列。打孔直径 2 厘米（若枝条菌种，孔径应小于枝条直径），深 2 厘米；另一人将菌种放入穴内，填满菌种，略高出袋面；另一人用胶布或胶带封口；一人运袋排袋。技术要熟练、快速敏捷，越快越好，操作过程中不要开门窗，一气呵成。

（五）菌丝培养期间管理

在适温条件下，菌丝需 60～80 天长满袋并完成转色。菌丝生长期间保持室内干燥，相对湿度在 70%以下，室温保持在 24℃左右，料温不超过 28℃，注意要通风换气，保持室内空气新鲜，室内黑暗、不要光线为最佳。

每 10 天翻堆一次，使菌袋上下、内外调换位置，以使发菌一致。

适时刺孔增氧。接种后 15～20 天，接种穴菌丝伸长 7～12 厘米，袋温比室温高 2～3℃，室温可控制在 22～24℃，以保温为主，适当通风，此时袋内氧气已缺乏，满足不了菌丝生长发育的需要，应将胶布揭起一角，进行通风换气。揭孔后温度可突然增高，要加大通风。20 天后开始刺孔，先用牙签，再用毛衣针，最后用竹筷，每隔 10 天在菌丝生长的前沿 1 厘米左右刺数十个孔，逐次加大加深。

20 天后，接种穴菌丝接连，随着刺孔增氧菌袋温度可比室温高 5～10℃，注意通风，散堆降温。

接种穴菌丝相互连接以后的主要任务，是合理科学地利用翻堆，通风调温，以满足菌丝发育对温度的要求，基本达到恒温，此项工作一直保持到菌袋培养 60～70 天。

一般培养 50～65 天，袋表瘤状物产生，棕色素分泌增多。

（六）不脱袋转色的管理

当菌袋上的瘤状物由硬逐渐变软后，菌袋表面在不脱袋的条件下变为褐色，此为转色。转色的好坏直接影响出菇的快慢和多少。因此加强管理，促使其顺利适度转色，是非常重要的。完成转色需要 10～15 天。转色的最适条件是：温度 20～24℃；适当的通风；小环境空气相对湿度 80%～90%；菌袋内含水量 50%～55%；散射光照。

转色有四种结果，一是形成的菌膜厚薄适当，呈棕褐色有光泽；

二是形成的菌膜较厚，呈深褐色；三是形成的菌膜薄，呈黄褐色；四是形成的菌膜很薄，呈灰白色。这四种情况以第一种较好，出菇正常，且多。第二种情况出菇迟，且少。第三、四种情况出菇少，菇形不好。

（七）催蕾

1. 催蕾的条件

温度白天控制在15～20℃，晚上8～10℃，造成10℃左右的温差；空气相对湿度 80%～90%，此时不脱袋的小环境可以达到；充足的氧气，即新鲜空气；散射光照；培养料内充足的水分，以含水量50%～55%较适合。

2. 催蕾的方法

① 浸水12～24小时；② 低温和温差刺激；③ 振动。

3. 催蕾的场所

① 菇棚床架上催蕾；② 室外地上催蕾；先在地上铺一层麦秸或沙，把浸过水的菌袋竖立在上面，再盖薄薄一层麦秸，经 37 天即可现蕾。低温季节多在地面催蕾。

菇蕾出来后，尚未触及薄膜时，应及时用小刀沿菇蕾外围将薄膜割 2/3，以通气增氧。幼蕾对外界条件适应性差，要在适宜的环境中才能生长，即温度12～20℃，相对湿度80%～90%，适当通风，散射光照。幼蕾过密时要进行疏蕾，每袋上留下 8～10 个为宜。当幼蕾长至2厘米以上时，开始进行花菇培育。

（八）栽培场所选择和菇棚建造

栽培场所应选在通风、向阳、干燥、近水源又卫生的地方。菇棚是香菇生长的场所，理想的菇棚是创造一个适合香菇生长的小环境，培育花菇最好为小棚。温、湿、光、气易于控制。棚长 5～6 米，宽2.4～2.6米，面积12～15平方米，前后高1.8～2米，中间高2.2～2.5米，两端山墙用砖或坯砌成，各留一个宽0.6米，高1.8～2米的门。菇棚内正中留宽0.5～0.6米的人行道，棚内两侧设床架，床架宽1米，共5～6层，层高0.3米，每层四根竹竿纵放作隔板，每层床架可横放两排菌袋，床架每隔1～1.5米用立柱和横梁支撑，用宽幅薄膜覆盖，两边薄膜落地后用物压紧。这样大小的菇棚及床架可放置500个左右的菌袋。冬季需要加温时，可在棚内修成回形火道。棚内安装换气扇，在外界湿度大时人工通风，调节棚内温度、湿度、通风换气条件。

（九）花菇培育

花菇裂纹越宽、越深、越白，其商品价值越高，称白花菇。花菇的生长期一般为10～15天，若在花菇生长过程中，遇雨天、雾天或地潮等引起空气相对湿度增大，即使几个小时，也会使裂口表皮愈合，出现微红色，此时裂纹呈茶红色，称茶花菇；花菇裂纹为红褐色时为暗花菇；裂纹细小又为红褐色时，称为麻花菇。麻花菇在花菇中属于下品，白花菇为上品。

1. 培育花菇的条件

（1）空气干燥，空气相对湿度在70%以下；（2）温度控制在8～15℃，此温度下子实体生长慢，菌盖肉厚；（3）全光照，当年12月—次年3月全光照有利于花菇裂纹增白，加速开裂；（4）微风不仅能保持空气新鲜，又可加速菌盖开裂。

2. 催花时间

当菇盖直径长至2厘米大小时进行花菇管理。若菇盖小于1.5厘米时，易使幼菇干死或冻死，若菇盖大于3.5厘米时，裂纹窄浅，多在菌盖边缘，形不成上等花菇。当菇盖直径在2厘米左右时，为育花菇的最佳时期。

催花时用手触摸菇盖表面，感觉柔软有弹性，可催花；若干燥顶手，须提高空气相对湿度，采用蒸汽或微喷雾增湿后再催花，若粘手发黏，说明湿度太大，可通过加强通风或加温排潮后方可催花。

天气晴朗，昼夜温差15℃以上，空气干燥，干湿差15%以上，可催花。若阴雨连绵，雾气弥漫，外界湿度大，即使菇盖、菇表达到要求，也不可急于催花，以待天气晴朗。

3. 催花的具体措施

（1）当冬春白天最高气温在 15℃以下时，可在夜晚 24:00 后加温，棚内温度升至 28～35℃（袋温不能超过 28℃），白天 08:00—09:00 时揭棚加大通风，短时间降至 15℃以下，形成大温差和较大干湿差，同时光线刺激，促使菇盖开裂，形成爆花菇。（2）在初秋、春末季节因白天温度较高，当超过 15℃时，可采取白天加温，夜晚揭棚降温的方法催花。棚内香菇经 3～4 天的连续刺激，菇盖表皮就会迅速开裂，白色菌肉裸露，形成大量的优质爆花菇，花菇率可达 95%以上。

4. 保花期管理

催花后的香菇，为使菌盖增大，裂纹加宽加深，颜色洁白，应使温度保持 8～15℃，如果温度低于 8℃，要生火加温。遇雨天、雾天要把菇棚薄膜盖严。当棚内相对湿度大于 70%时，要采取排湿措施。晴天全光照育菇。

二、菜菇栽培技术

人造菇木栽培，又叫大棚小袋栽培，即以木屑为主要原料，装入塑料袋，在大棚内栽培，起源于福建、浙江一带，现推广较普遍，其栽培程序为：

确定栽培季节→配料→装袋灭菌→接种→菌丝阶段管理→脱袋→转色→出菇管理→采收。

（一）栽培季节的选择

香菇的木屑小袋栽培，不像人工段木栽培那样有树皮保护菌丝，而是利用菌筒脱袋之后，在适宜的温、湿、光、氧条件下，使菌筒表面的菌丝转色，形成一层具有韧性的红褐色菌膜。转色过程的快慢主要取决于温度，最适温度为 19～23℃（白天最高气温）。所以制袋接种应在当地入秋后，白天最高气温为 19～23℃的具体日期，再向前推 60～80 天。河南可选在 8 月中旬至 9 月中旬制袋接种。

（二）原料的选配

培养料的选配可参照前述。

塑料袋可选用叠径 15～17 厘米，长 55 厘米的聚乙烯袋。将一端扎牢。

（三）装袋与灭菌

装料时尽量装实，边装边按，以袋子不破不变形为度。端部留下 6～8 厘米，紧贴料面扎紧袋口，以防漏气。

可采用常压灭菌，待温度上升到 100℃时，保温 8～10 小时。待温度下降到 40℃左右时出锅。注意锅内不要装得太实。留出通气孔道。出锅时要轻拿轻放，切莫碰破袋子，以免杂菌污染。

（四）接种

接种可参照上节小棚大袋立体栽培进行。

（五）菌丝阶段的管理

接种后，将菌筒放置在通风、阴凉、干净、黑暗的场所，使菌种尽快恢复定植。堆温维持在 25℃左右，不得超过 28℃，并使穴面朝向两侧。

1. 翻堆

接种 10～15 天要翻堆一次，以后每隔 7～10 天翻堆一次，检查菌丝生长情况，发现杂菌污染的及时处理。

2. 炼筒

正常培养条件下，经 40～45 天菌筒长满，有的会出现不规则小泡，开始进入生理成熟阶段。菌丝满筒后 20 天（早熟种）至 40 天（晚熟种），才可下地排筒出菇。如果日平均气温尚未稳定在 24℃以下，不应急于脱筒。可以在出菇棚内堆放，棚上盖树枝或茅草遮荫，待炼筒 2～3 天后脱袋。如气温仍高，可先用刀片在菌筒上划 2～3 处“+”，以增氧，促进转色。

（六）子实体阶段的管理

1. 搭盖荫棚

一般塑料大棚，上盖草帘即可。棚内搭出菇架。架距地面 20 厘米，宽 1～1.2 米，每隔 25 厘米绑一竹竿，便于斜靠菌筒（见图 3-2）。

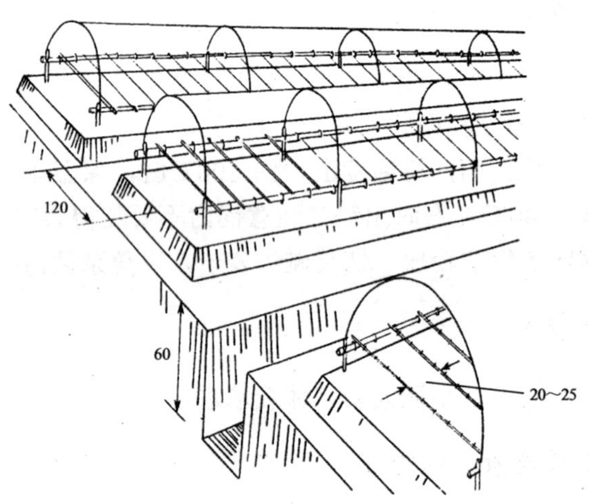

图 3-2 香菇出菇架构造（单位：厘米）

2. 脱袋立筒

接种后，经 60～80 天菌筒才能达到生理成熟，其标志是接种穴面四周出现不规则小泡隆起，并出现褐色色斑。这时可将菌筒搬入塑料棚内“炼筒”，2～3 天后，选晴天或阴天的傍晚脱袋。脱袋时，用锋利的刀片沿着筒面纵向割破，剥掉塑料袋，尽量不要使筒内菌丝损伤。将脱袋后的菌筒小心立放在预先架设好的畦面横竹架上，与畦面成 60°～80°夹角，每排可放置 8～9 筒。

3. 转色

菌筒在塑料棚 2～4 天内尽量不要翻动薄膜，以保持棚内高湿。若棚内温度超过 25℃，要短时间掀膜降温。经过 2～4 天，菌筒表面将出现短绒毛状菌丝，当菌丝接近 2 毫米长，就要增加揭膜次数，通风降温，促使绒毛状菌丝全倒伏，这样就在筒表面形成一层薄的菌膜。若绒毛状菌丝过长，将使转色后的菌膜过厚，推迟出菇，并影响产量。若绒毛状菌丝不易倒伏或倒伏后又重新形成绒毛层，这是由于菇场湿度偏大，或培养基配料时氮源过于丰富所致，此时应加大通风或喷 2%石灰水强迫其倒伏。倒伏后每天揭膜 2～3 次，每次 20～30 分钟，以增加氧的供给和光照，造成菌筒表面干湿差，用手指触筒面有指纹印，再覆盖薄膜。一般连续一周即可正常转色，先从白色转至红色，再转至红褐色。在这一转色过程中，菌筒外表分泌黄水珠，这是出菇先兆。但若遇上连续的高温闷热天气，或没有挖排水环沟，或地下水位过高，或荫棚四周草帘过于严实，则极易发生毁灭性绿色木霉。因而黄水珠形成初期，加厚顶棚厚度，拆稀东南向围帘，稍延长揭膜时间，用脱脂棉将黄水珠吸掉，可以促使正常出菇。也可以轻度喷雾一次，让菌筒吸收水分，待黄水珠大量吐出时，用喷枪将黄水珠冲洗掉。通过掀、盖薄膜，调节棚内菌筒温度、湿度、通风及光照状况，便可使菌筒外表颜色逐渐从白色转成粉红色，乃至出现一层红褐色、有韧性的菌膜。

影响转色的因素：（1）温度是影响转色快慢的决定因素。最佳转色温度为 19～23℃。温度高于 26℃或低于 15℃，均不易转色。因而生产中发生转色淡或不转色现象，多为制料筒过迟，导致脱袋进入转色期时气温偏低所造成的。（2）菇场畦内空气越流通，越易转色，但要注意防止菌筒失水，尤其是含水量偏低的菌筒。保湿困难的菇场，脱袋过早，常使菌筒重量明显减轻，用手触摸菌筒有明显粗糙感，筒面不留有指纹印，即使会转色，色淡呈灰黄色。菌筒偏干时可罩紧薄膜，结合短时间（20 分钟）通风换气、适量喷水，喷后盖紧薄膜，连续数天后，手触筒面有柔软感，以不刺手为宜。再按前述使之正常转色。（3）相同条件下，光线充足转色快而且深，反之，转色则慢。（4）菌筒生理成熟后应尽快脱袋，否则将先出菇后转色。正常情况下，脱袋后至转色结束为 15 天左右。

总之，菌筒转色的好坏是栽培的关键一环。转色的快慢，颜色的深浅，直接影响出菇早晚、密度、大小、产量和质量。

4. 秋菇管理

秋季气候特点为秋高气爽，湿度较低。菇蕾能否顺利发育成子实体，主要取决于适宜温差刺激及筒表面的干湿差。菇体形态正常与否很大程度上取决于菇床上通风供氧状况。菇体的色泽与光线有关。

（1）拉大温差，刺激出菇。香菇属低温、变温结实性菌类。菌筒转色后，要使它能顺利出现原基，就必须以一定的温差刺激。昼夜温差越大，越容易诱发子实原基的形成。

（2）保持菇场空间的相对湿度。子实体发生后，初期维持棚内相对湿度 85%左右，随着菇蕾分化出菇盖、菇柄后，可稍微降低空气相对湿度。

第一、二批菇发生时，可使菇床相对湿度稍偏低些，以防红色链孢霉、绿色木霉发生。通常以薄膜内壁无水珠滴下为准，否则应增加通风，降低湿度。

（3）增加通风，减少畸形菇发生。香菇属好氧性真菌，随着菇蕾的发育，对氧的需求量将不断增加。若只顾提高棚内湿度，而忽略通风换气，则菇盖不能很好地展开，菇柄变得肥大畸形，可食率降低，失去商品价值。根据天气状况，决定揭膜次数及时间长短。阴天湿度较高，应增加通风量，以保证菇体质量。一般头潮菇花菇率略高，从第二潮后大为减少。

入冬后，有些中温偏高型菌株菇蕾形成后不开伞，形成近球形的“荔枝菇”。这常是由于当时气温低于子实体分化所必需的最低温度所造成的。应及时摘除，以减少养分消耗。稍使菇筒放干，待第二年春季再补水出菇。

（4）香菇发育中需要一定的散射光。光线不足时，菇盖颜色为浅褐色乃至黄灰色，从而导致菇柄拉长，大大降低商品价值。这种现象在室内、人防工事内栽培更显得突出。一般菇盖在 300～500 勒的散射光下，方能正常着色（棚内能顺利阅读报纸的光强度就足够）。

通过上述温差变化，湿度调节，通风量控制，散射光诱导，原基就能顺利发育成子实体。第一批采收鲜菇量一般为每筒200～400克（依管理水平而异）。

采菇后，揭膜通风3～4小时，降低菇床湿度，使菌筒稍干燥，积累营养供第二批子实体形成需要。经一周后，当采摘的菇迹开始发白时，将竹片弯拱放低，加大湿度，白天盖紧，半夜掀开，人为造成温差，诱导第二批子实体形成。菇蕾形成后，需喷水，喷水次数及喷水量根据气温而定。气温高时，早晚喷水，空间喷雾，阴雨天少喷或不喷，直至第二批子实体采收。采收后仍按前述方法使菌筒菌丝恢复，再促进第三批菇的发生。

（5）适时补水。对于较早制筒的菇筒，为了防止夏季制筒造成污染，常在配料时控制较低的含水量（51%～53%），菌筒培养长达2个月，失去一部分水。另外，脱袋较早的，经第一、二批采收后，菇筒含水量锐减，筒重明显减轻。因此，为了使第三批能顺利出菇，往往要补水。秋菇一般产2～4批，因海拔高度、气温高低、制筒迟早、选用早晚熟菌株而异。

5. 冬季气候特点

入冬后，气温骤然下降，空气相对湿度低，管理上应以提高床温，保暖防寒为中心，针对不同菌株采取相应措施。冬季是培育花菇的有利时机。培育花菇及采收可参照前述。

（七）香菇的覆土栽培

香菇的覆土栽培是近年来发展的一种新模式。通过覆土可以改善香菇的环境条件，营养充分，使菇体肥大，显著地提高产量和质量，但不适于培育花菇，是培育鲜菇的一项有效措施。

（1）菇场选择。菇场应选在通风良好，无污染，排灌方便的沙壤地块。房前屋后，幼林树下，果树行间等都可作为栽培场所。

畦床以东西走向为好，一般床面宽100厘米，深15～20厘米，长度不限，用竹竿做成拱棚，盖上薄膜和草帘即可。

（2）选用良种。要选择适于鲜销的大叶品种。

（3）菌筒制作。同人造菇木栽培。

（4）覆土转色。待菌筒发满菌丝，且已达到生理成熟时，移入畦床，脱袋覆土转色，覆土选用沙壤土，加 3%的石灰粉。菌筒脱袋后，横放在畦床上，均匀覆 1 厘米厚的土层，土壤要潮湿，含水量适中。

（5）出菇管理主要是调节温、湿、气、光等环境因素。通过灌水、调节覆盖物、通风等进行。

思考题

1. 环境因素对香菇生长有哪些影响？
2. 小棚大袋立体栽培的技术关键是什么？
3. 影响香菇菌筒转色的因素有哪些？
4. 降低木屑菌筒栽培杂菌污染的主要技术措施有哪些？
5. 香菇木屑小袋栽培的主要技术措施有哪些？

第四章　双孢蘑菇栽培

第一节　概述

双孢蘑菇又称白蘑菇或洋蘑菇。在分类学上隶属于真菌门，担子菌亚门，层菌纲，伞菌目，伞菌科，蘑菇属。双孢蘑菇简称蘑菇。

蘑菇肉质鲜嫩，味美可口。属高蛋白、低脂肪的食品，蘑菇含有 18 种氨基酸，其中包括人体所必需的 8 种氨基酸，赖氨酸的含量比多数食用菌高。蘑菇还含有多种核苷酸、维生素和矿物质等。

蘑菇除了食用外，还有药用价值，具有滋阴壮阳，延年益寿之功能。蘑菇子实体中含有丰富的胰蛋白酶、麦芽糖酶等，对治疗消化不良和降低血压有一定疗效。此外，蘑菇还含有抗肿瘤和抗病毒的多糖类物质，利用深层培养蘑菇菌丝体来生产蘑菇蛋白饼干、蘑菇面包、蘑菇酱等深加工工艺相继问世，成为食品开发的一个新途径。

蘑菇栽培源于法国。利用废弃石灰窑种植蘑菇至今已有 300 多年的历史。20 世纪 30 年代，我国从法国引进蘑菇栽培技术。主要是利用自然气温，一年栽培一季，单产较低。20 世纪 60 年代以来，我国蘑菇栽培发展迅速，栽培面积不断扩大，产量已跃居世界前茅。由于我国蘑菇栽培技术现代化水平较低，所以，栽培面积虽大，但是单位面积产量还不高，栽培技术落后，绝大多数的菇农仍然是利用废旧房屋，甚至蔗田、冬闲田进行露地栽培。

蘑菇是世界上栽培最广的菌类，据初步统计，有 20 多个国家栽培蘑菇，我国产量仅次于美国和法国。目前，我国蘑菇栽培已发展到 10 多个省（市）和自治区。

第二节　双孢蘑菇的生物学特性

蘑菇是一种好气性的草腐生真菌。人们通过反复实践，掌握了蘑菇的特性及生长发育的规律，并能应用这些特性和规律，使蘑菇的产量和质量不断提高。为了培植好蘑菇，就要了解其特性及生长发育的规律。

一、蘑菇的形态特征

蘑菇的形态是由生长在基质表面的子实体和生活在基质内部的菌丝体两大部分组成的。

（一）菌丝体

蘑菇的菌丝体是由许多分枝的透明的管状细胞组成的，菌丝由成熟的蘑菇的孢子在适宜条件下萌发而成，也可由菇体任何一部分组织再生而成。镜下观察，透明无色，有横隔，多有分枝。每个细胞内有两个细胞核。

（二）子实体

蘑菇子实体是人们食用的部分，它由已组织化的菌丝体组成。子实体是产生有性孢子的器官。子实体群生，也有丛生的，菇柄的基部连接着大量的菌索。成熟的子实体像一把撑开的小伞，由菌盖、菌褶、菌柄、菌环和孢子组成。

菌盖直径为 5～12 厘米，先呈半球形，后平展，边缘初期内卷；一般是白色和淡黄色，老时污褐色。菌盖由菌肉和菌褶组成，菌褶片状呈放射状排列，是着生孢子的地方。菌柄着生于菌盖下面正中央，近圆柱形，直径 1～3 厘米，长 1～10 厘米，菌柄中上部有菌盖边缘和菌柄联结的痕迹，称为菌环。孢子着生于菌褶两侧的子实层上。子实层可产生担子，每个担子顶端大部分只产生两个担孢子，故称双孢蘑菇。

二、蘑菇的生活史

蘑菇表现为伞菌属的典型生活史：

担孢子 —(萌发)→ 一级菌丝 —(质配)→ 二级菌丝 —(扭结)→ 原基 ——→ 子实体 ——→ 担孢子

当伞形的子实体成熟时，下面的白色菌褶渐渐由粉红变深黑褐色。如果剪去菇柄，将菌褶向下放在白纸上，几个小时后在纸上就落了大量的黑褐色粉末，形成了孢子印。这是由成千上万的担孢子聚集成的。蘑菇的担孢子是双核的。担孢子落到适宜的地方，就可萌发长出菌丝，两个可亲和的双核菌丝进行质配，形成二级菌丝，质配后形成的双核菌丝，进行大量增殖，并形成菌索，以后相互扭结形成大量的小白点。逐渐发育成子实体原基，原基渐渐膨大形成子实体。

三、生活条件

蘑菇生长发育需要一定的生活条件，在适宜的环境条件下，蘑菇生长快，产量高，质量好；反之则生长缓慢，甚至造成死亡。

（一）营养

蘑菇属草腐生菌，不能进行光合作用，完全依赖从人工堆制发酵后的培养料及覆土层中吸收碳源、氮源、矿质元素和维生素等。

（二）温度

蘑菇菌丝生长的温度范围为 4～32℃，致死温度为 34～35℃，最适宜温度为 22～25℃。

蘑菇子实体分化要求的温度比菌丝生长阶段低。故称变温结实性菌类。6～20℃都能分化子实体，最适宜温度为 14～16℃。18℃以上子实体生长的速度增快，菌柄徒长，菌盖易开伞，菇肉组织疏松；低温下子实体组织致密、粗壮。蘑菇子实体发育一般为 4～6 天。在蘑菇形成时，若温度突然回升，菌丝体养分消耗增大，蘑菇的营养物质又转运回菌丝体以维持平衡，则使已形成的菇蕾逐渐枯萎，以致大批死亡。

（三）湿度

要求培养料的含水量为 62%～65%。湿度过高，会造成培养料缺氧，极易招致病虫害侵袭；湿度过低，则堆肥基质较疏松干燥，料内菌丝生长缓慢，纤细无力，养分难以运送和吸收，甚至菌丝难定植成活。

在菌丝生长阶段，覆土材料的含水量以保持在 58%～60%为宜，菇房空气相对湿度应保持在 70%～90%为宜，过低（70%以下）则不易形成子实体，或已经形成的子实体生长缓慢，菌盖还会出现鳞片，甚至龟裂，易开伞，菌柄空心，降低商品价值，菇房空气相对湿度超过 95%时，子实体易发生细菌性斑点病，甚至会招致各种病虫害。

（四）空气

蘑菇是一种好气性菌类。对空气中的 CO_2 十分敏感，在菌丝发育阶段 CO_2 浓度不应高于 2%，在出菇阶段覆土层上方 CO_2 浓度超过 0.5%时，就会抑制子实体的分化；菇房的 CO_2 浓度达 1 %时，则出现菌盖变小，柄细长，易开伞等现象。原基形成和生长的适宜 CO_2 浓度是 0.06%～0.2%，如果空气中 O_2 不足，蘑菇的菌索和原基会露出床面，但不结菇。所以，一定要设法使菇房各处都有新鲜空气，安装通气设备。每天充分换气两三次，每次 10 分钟，才有利于出菇。

（五）光线

蘑菇生长发育不需要光。光线对蘑菇的直接作用不明显，即使在完全黑暗的条件下，子实体仍然能顺利发育，且在黑暗条件下长出的子实体色泽洁白，若光线过强，反而会影响子实体的正常发育。

（六）酸碱度（pH 值）

pH 值对蘑菇生长的影响十分明显。菌丝在 pH 值 5～8.5 的范围内均能生长，最适宜的 pH 值为 6.8～7.2；生殖阶段最适 pH 值为 6.5～6.8。在生产中常将培养料及覆土材料的 pH 值调成中性偏碱。这是由于菌丝生长过程中不断产生有机酸，使 pH 值下降。

第三节 栽培技术

一、蘑菇栽培的工艺流程

栽培期确定→发酵前准备→前发酵→进菇房→后发酵（巴氏消毒→控温阶段）→播种→菌丝培养→覆土→出菇管理→采收加工→包装贮藏。

二、栽培季节的选择

蘑菇子实体的发生适温为 14～16℃，属于偏低温结实性菌类。在自然条件下。理论上安排在秋季和早春两季栽培。蘑菇子实体发育期较长，为了获得较高的经济效益，一般安排在秋季栽培。

建堆适期可根据历年气象资料，了解日均温度降至 25～26℃时的大致日期（播种期），减去长发酵所需时间（26～28 天）或减去二次发酵所需时间 18～20 天，就是建堆日期。河南省一般在 7 月中旬至8月上旬建堆。

三、栽培前的准备

蘑菇生产前必须做好菇房的建造与整理，培养料的贮藏与堆制发酵等准备工作。

1. 栽培原料的准备

蘑菇的培养材料分为草料类、粪肥和辅助材料等。草料类有稻草、小麦秸、大麦秸、黑麦秸、禾秆等。收获后要晒干保藏，避免雨淋，防止霉变；粪肥类一般采用牛粪、马粪、骡粪、羊粪、鸡粪、猪粪等，其中以马粪最好，牛粪次之。粪块必须晒足干，鲜牛粪热性差，不宜采用；栽培蘑菇还需要一些辅助材料。这主要是为了增加培养料中的氮素和矿物质含量，此外，还能改善培养料的理化性质。常用的辅助材料有饼肥（豆饼粉、花生饼粉、棉籽饼粉、菜籽饼粉等）、化肥（尿素、硫酸铵、氮磷钾复合肥等）以及矿物（过磷酸钙、碳酸钙、钙镁磷等）。

2. 菇房的设置

菇房是蘑菇生长的场所，菇房应能避光，保温，保湿，清洁卫生，有良好的通风条件。一般可建造层架式菇房，也可以利用旧房、地下室等进行改建。近年来，栽培蘑菇多采用塑料大棚（见图 4-1）和日光温室。

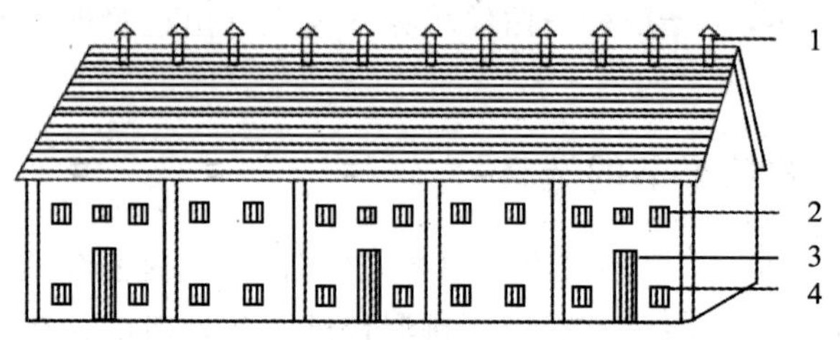

1. 气筒；2. 上窗；3. 门；4. 地窗

图 4-1 双孢蘑菇菇房示意

房内可采用层架式栽培。床架可因地制宜，用水泥或就地取材建造。一般单列式架宽 0.8～0.9 米，双列式架宽 1.4～1.5 米，长度视菇房的长度而定。床面可采用木板、竹尾、竹片等铺设。床架底层离地面不得少于 30 厘米，以免 CO_2 等有害气体沉积，影响蘑菇生长，层间距以 65～70 厘米为宜，便于操作。

四、培养料的配制

常见培养料配方如下：

① 干麦秸（或加一半玉米秆）2 000 千克，干粪 1 000 千克（湿粪约 3 立方米），石膏粉或碳酸钙 50 千克，过磷酸钙 25 千克，生石灰 30～50 千克。

② 干麦秸（或加一半玉米秆等）2 000 千克，干鸡粪 300 千克（约 1 米）或粪饼 100 千克，尿素 20 千克，碳铵 20 千克，过磷酸钙 25 千克，石膏粉（或碳酸钙）50 千克，生石灰 30～50 千克。

③ 稻草 2 000 千克，干牛粪、尿素、猪粪等 1 000 千克，干鸡粪 250 千克，菜籽饼 75 千克，尿素 15 千克，石膏 75 千克，过磷酸钙 40 千克，石灰 30～50 千克。

④ 稻草 2 000 千克，尿素 25 千克，干粪 500 千克，石膏 50 千克，生石灰 30～50 千克。

培养料的堆制方法，分为传统的“一次发酵”堆制法和近年来推广的“二次发酵”法。

1.“一次发酵”堆制法

将栽培主料置于室外，经过建堆和翻堆等一系列较长时间堆积过程，称之为“一次发酵”，也称为长发酵，这是一种传统的堆制方法，虽较简单，但不易获得高产。

（1）建堆方法。确定当地适宜播种期后，再向前推 26～28 天。首先把粪草提前 1～3 天进行预湿处理。建堆时，先在水泥地面上均匀铺放一层厚约 20 厘米预湿过的麦秸，堆宽 2 米，长度不限，而后往上面撒放一层预湿的粪肥，撒放粪肥必须均匀，要求把麦秸覆盖完全。接着在上面再铺放一层麦秸，要求与第一层相同，随后再撒一层粪。这样一层草，一层粪堆叠上去，直到堆高 1.8 米左右，顶层用粪肥全面覆盖。建堆时还应将各种铺料拌匀分层撒放。如料堆预湿不足，建堆时还应酌情洒水，建好的料堆晴天用草帘覆盖遮阳，以免表面过分干燥，雨天覆盖塑料薄膜，以防雨水渗入料堆，致使培养料偏湿。但雨后要及时揭开薄膜透气，否则将影响堆内透气，导致厌氧发酵，影响堆肥质量。

（2）翻堆。翻堆的目的是要改变料堆中各层间的理化性质，通气条件，促使好气性纤维素分解菌大量繁殖，充分发酵。建堆后，料堆中的微生物大量繁殖，堆温逐渐上升，到第 4～6 天堆温会升到最高点（一般可达 70～75℃）。随后堆温逐渐下降。

翻堆共要进行 4～5 次，每次间隔时间逐减，分别为 6～7 天，5～6 天，5 天，4～5 天，且都在堆温下降时进行。翻堆时，先将外部堆料翻下，抖松后做新堆底，中间的翻到一边，将底部的抖松，堆到料堆中间，最后将中间的盖在四周和顶部。以后仍以此顺序进行。在翻堆时应适当添加一些石灰粉，用量占培养料总量的 1%～2%，但要分次加入，最后将 pH 值调至 7.2～7.5。

一次发酵后优质培养料的标准应是：含水量适宜（62%～65%），草茎较柔软，富有弹性，粪草色泽呈褐色到棕褐色，闻不到粪草料中刺鼻的氨味和粪臭味。全过程应尽量控制在 26～28 天内，否则培养料变得过于腐熟，减少铺料面积，还影响到菌丝的定植。

2. 二次发酵堆制法

二次发酵分两个阶段：第一个阶段叫前发酵，第二阶段叫后发酵。后发酵又包括巴氏消毒和控温培养两道工序。堆制方法和一次发酵相同，仅是堆制时间比较短，一般只 10～15 天，翻堆 2～3 次，就进入第二阶段（即后发酵）。

巴氏消毒是将经过前发酵的培养料搬入菇房，用外热源（如蒸汽）加热，使菇房温度尽快上升至 58～62℃，维持 6～8 小时，称巴氏消毒。其作用有三方面：其一，高温下使大部分的病原菌及各类害虫的卵、幼虫及成虫受热死亡，从而有效地减少栽培过程中的病虫害的发生；其二，高温条件下，促使嗜热性微生物大量繁殖，分泌水解酶类，使培养料分解得更好；其三，在高温的条件和酶的作用下，前发酵阶段未完全分解的粪草继续分解，形成腐殖质，供蘑菇菌丝吸收利用。

控温培养是指在巴氏消毒后，菇房适当通风，降温至48～52℃，并维持 4～6 天的过程。其主要作用有两条：一是经过通风降温，培养料内氧的供应状况得到改善，为嗜热微生物群繁殖提供了最佳生态条件。嗜热微生物能把堆肥发酵中残留的氨转化为氮源，同时对基质进行降解，产生聚糖类物质、B 族维生素及氨基酸等。二是继续将前一道工序后发酵中残留下来的病原菌予以杀灭。

二次发酵结束后，培养料呈暗褐色，并出现大量白化嗜热真菌，堆料柔软，易拉断，富有弹性，无异味，栽培料含水量应为 60%～62%，含氮量为 1.5%～2.2%。

五、播种

蘑菇菌种的播种是菌丝在培养料发菌管理中的第一道工序。选用优良的蘑菇菌种，是取得蘑菇优质高产的有效措施之一。优质的蘑菇菌种菌丝灰白，微带蓝色，生长健壮，多呈扇状绒毛状，只形成少量菌索，瓶内培养基呈红棕色，无杂菌，无虫害，拔开棉塞有蘑菇特有香味。劣质的菌种在瓶内的表现是：菌丝稀疏，出现粗壮菌索，甚至断裂，萎缩。

种菇时，即使是新菇房也要进行熏蒸、杀菌和灭虫，彻底搞好菇房环境卫生。如用石灰粉刷墙壁和地面，用甲醛熏蒸（6～10 毫升/立方米）或用硫磺熏蒸（10～15 克/立方米），床架可用 0.2%福尔马林喷洒后再铺料。

经过一次发酵或二次发酵后的培养料，铺在床架上，料厚 15～20 厘米。待料温降到 30℃以下，即可进行播种。

播种的方法有穴播、层播和混播 3 种。菌种的用量决定于培养料的总量、气候条件、栽培管理方法、栽培种的种类及经济效益等。如果菌种使用量过少，就会使菌丝发育期延长，增加各种杂菌侵染的机会。如果用麦粒种一般每平方米 1～2 瓶（750 毫升）。无论采用哪种播种方式，都要使料面有足量的菌种。播后轻轻拍平料面，再撒一薄层培养料。床边可用挡板或用半湿的泥浆和一些发酵过的粪草混合，垒成床边。

六、管理

（一）出菇前管理

出菇前管理是指播种后至出菇前这一时期，为 35～40 天，它是蘑菇的营养生长阶段。

1. 播种后至覆土前的管理

播种稍压实之后，覆盖上报纸，一防表层培养料干燥失水，二可提高小区相对湿度（70%～80%），以利菌种块恢复。如播种时气候过于干燥，则可向报纸、墙壁、过道喷水。播种后的 3 天内，以保湿微通风为主。还必须注意，每日掀动报纸一次，以利换气。

正常情况下，播种后 1～2 天，菌丝就开始恢复。一星期后，菌丝长入培养料，说明定植正常可揭去报纸。

在一般情况下，播种后 10 天之内，不要直接向料面喷水。因为这段时间内气温往往较高，在 22～25℃之间，有时还会升到 28℃左右。为防止杂菌污染，应使料面表层处于干燥状态，这样即使杂菌孢子落在料面上，也不至于萌发或延缓其生长。这样并不影响下层蘑菇菌丝的生长。直至覆土前，再分次向料面喷水调湿。土粒覆盖后，蘑菇菌丝会很快地反窜到培养料表层，这一现象俗称“吊菌丝”。

2. 覆土与管理

蘑菇菌丝生长到一定程度时，要在培养料表面均匀覆盖一层土粒，这一过程叫覆土。一般在播种后 13～16 天进行。

（1）覆土的作用。①改变堆肥中 CO_2 的浓度，刺激菌丝从营养生长转向生殖生长；②保持和调节培养料的水分。蘑菇生长发育需要大量的水分，长出一千克鲜菇，约需消耗一升水。覆土有减少水分蒸发，调节维持培养料中水分的作用；③可支持蘑菇发育，蘑菇一般长在土层中；④土中的细菌分泌物等对子实体的形成有刺激作用。研究证明，在覆土中常存在一种臭味假单胞杆菌，这种细菌的活动和分泌物质能促进出菇，研究还证明了许多其他种细菌以及一些藻类和放线菌，也有类似的作用。

总之，覆土是促使蘑菇菌丝从营养生长阶段转入子实体形成阶段的一项重要措施。

（2）覆土材料。一般取用水稻田土、塘泥、河泥、菜园土、冲积壤土和沙壤土等。覆土要有团粒结构，孔隙多，保水力强，含有适量腐殖质，不带病菌和害虫，以中性黏壤土较好。这种土湿时不黏，干时不散。目前也有采用泥炭土作为覆土材料的。它疏松，孔隙多，吸水率比一般土壤高，是较为理想的一种覆土材料。现在我国一些地方采用混合土作为覆土材料，其配比为：壤土 4 立方米，磷肥 15 千克，石膏 20 千克，发酵过的麦糠 25 千克，石灰 15 千克。

蘑菇覆土仍采用颗粒覆土，为解决保湿与通气的关系，覆土粒通常分为粗土和细土两种。取土时应除去表土，成块运回菇场，晒至半干，敲碎过筛。粗土直径 1.5 厘米（如蚕豆），细土直径 0.5 厘米左右（如黄豆）。大面积栽培时，可用碎土机轧粒，以提高效率。也可采用和泥的办法加工成土粒。生产上使用的粗细土比例通常为 2∶1。

（3）覆土的消毒。覆土粒制备后还要经过消毒处理，方能覆盖于菇床培养料上。消毒的方法有多种，通常用日晒和药剂消毒法。日晒消毒是将覆土粒置于烈日下暴晒几天，翻动几次，通过紫外线照射，达到消毒的目的。通常在建堆时就开始准备覆土材料。也可用甲醛熏蒸，1 000 千克土粒喷 80 毫升 5%的甲醛。喷后用薄膜覆盖 2 天，翻动土粒。一周后完全无药味时，封存备用，以防重复感染。

（4）覆土的时间。一般播种后 13～16 天即可覆土，如采用粪草穴播，当两穴菌丝蔓延成的“同心圆”即将相连接时，即为覆土适期。如采用麦粒种撒播，当菌丝蔓延至菌床 4/5 左右时即可覆粗土。

在覆土前 2 天，先把培养料表面整平。如培养料太干，要喷些清水使床面湿润，进行“吊菌丝”。也可在清水中加些敌敌畏，兼治害虫。待菌丝长上表层后再覆土。

（5）覆土的方法。先覆粗土，把粗土粒在 2%～4%的石灰水中（或 1 000 倍多菌灵溶液）短时浸一下，迅速取出，静置数分钟，待土粒表面不粘手时，均匀地覆盖于培养料上面。也可采用覆干土多次喷清水或 1%石灰水的办法进行调湿。使土粒无白心，手捏扁而不碎，也不粘手。看有裂纹。

覆粗土厚度应为料厚的 1/5 左右，为 2.5～3 厘米，以不见床料为度。每平方米需土量 35～40 千克。

覆土初期仍属发菌阶段，菇房内的温度应保持在 22℃左右，促使菌丝尽快爬上粗土层。覆土调水后仍要加强水分管理，保持土层的湿润状态，但喷水不能太多，不能漏入培养料。

当菌丝爬上粗土粒 2/3 处，床面有 70%的粗土粒间有白色菌丝时，即可覆细土，以填补粗土粒之间的空隙。要将粗土粒间隙充满，细土层的厚度一般为 1 厘米。覆细土 2 天内分次将细土调湿润。若过早覆细土，往往会造成第一、二茬蘑菇出菇部位偏低，甚至形成“沉底菇”、“地雷菇”。若覆细土过迟，菇房湿度偏大，通风不足时，绒毛菌丝易上窜，形成“菌被”，不但消耗营养，而且推迟菇蕾的形成。

（二）出菇管理

覆土层下出现白色小米粒状的扭结物，标志着菌丝开始从营养生长转入生殖生长。在正常的栽培季节里，播种后，需 35 天左右就进入出菇阶段，出菇期约为 3～4 个月。此阶段是提高蘑菇产量的关键时期，因此要十分重视管理工作。

出菇期间，菇房的温度应为 14～16℃，空气相对湿度为 90%左右，培养料含水量为 60%，同时要不断排出菇房内的废气，换进新鲜空气，以人进入菇房感觉清爽，舒服为准。

按照自然季节栽培蘑菇，出菇后的管理一般包括秋菇管理、越冬管理和春菇管理。

1. 秋菇管理

入秋后，气温逐旬明显下降，昼夜温差加大，为从营养生长转入生殖生长创造了必要的环境条件。在温差的刺激下，逐渐形成原基。

（1）喷出菇水。为了保证已形成的原基发育膨大所需要的水分，此时要加大喷水量，俗称喷出菇水。用水量一般每平方米 2～4.5 升，分 4～10 次在两天内喷完。一般喷至细土层发亮，渗漏至粗土层中上部，从而使出菇部位控制在粗细土层之间。

（2）喷保质水。菇蕾形成之后，随着其发育膨大，需水量逐渐增加，当子实体长到黄豆大小时，要喷保质水。每平方米面积每天喷水量为 500～700 毫升，持续喷两天。以后每天喷水要根据具体情况灵活掌握。晴天多喷，雨天少喷或不喷；出菇多，多喷；反之，少喷；喷时，喷头向上成雾滴落下。

总的原则是，喷水应轻、勤、匀，以增湿为目的，菇多时多喷，菇少时少喷，前期多喷，后期少喷。应防止喷水过多、过急而引起的水分渗漏。否则，将导致菌丝“浸死”、“萎缩”、幼蕾窒息“死菇”或形成“红头”菇（菇柄变红）。

（3）通风换气。出菇期间菇房的通风换气尤为重要，可结合气温来调控通风的时间和通风量。

（4）控制菇房的温度、湿度。出菇期间温度尽量控制在 14～16℃，空气相对湿度控制在 85%～95%。采菇后要适时清理床面，把老菇根、死菇全部清除，用新土填平床面。还要注意合理追肥，秋菇采收三潮后营养已大量消耗。为了提高产品质量，并促使菌丝恢复，可以进行追肥，追肥时应注意浓度和用量。常用的追肥有：① 0.1%～0.2%的尿素，喷于床面无子实体的土层上；② 0.5%的葡萄糖水（红白糖均可），于菇蕾长至黄豆大小时喷施，气温低于 15℃时使用此方法较好；③ 堆肥浸汁，方法是将晒干的堆肥搓碎加 10 倍水煮沸，冷却后取汁施于菇床上，可延长出菇高峰期；④ 蘑菇健壮素 1 号、2 号。

2. 蘑菇越冬管理

秋菇结束后，菇房温度降至 8℃以下时，菌丝逐渐停止生长，子实体已不再形成，对水分和氧气的需要量也相应减少，这标志着已进入越冬管理期。一般在秋菇生产结束后，要停止喷水一周，待覆土稍干后进行松土，随即整平，如土薄可补充部分新土。

越冬期间，菇房以保温、保湿为主，适当通风换气，做好菇房的卫生工作。通风应在晴暖天气。每隔 10～15 天喷水一次。结合喷水加入 0.1%～0.2%的尿素作追肥。

3. 春菇管理

一般在菇房温度稳定在 8～10℃时开始调节水分，调至覆土层湿润。待菇蕾大量形成后选择晴朗天气喷出菇水及保质水。此后，除按正常要求管理外，还要根据菇床上菌丝的生长情况，采用不同的调水方法、喷水时间和喷水量。

春菇阶段的水、肥管理，可参照秋菇。

蘑菇要适时采收。鲜销要掌握在菌盖未开，菌膜未破裂时。制盐水菇，则要求较严，一般要求菇盖直径 1.8～4 厘米，菇形圆整，色泽洁白，无空根，无虫蛀，无破损等。采时轻轻旋转后连根拔出，采大留小。采下的鲜菇要及时销售或加工，如需保存，在 0～5℃低温下，可维持 3～4 天。

思考题

1. 如何进行蘑菇的前发酵工作？
2. 蘑菇后发酵机理是什么？进行后发酵时要注意哪些问题？
3. 栽培蘑菇的覆土材料有哪些要求？
4. 蘑菇播种后如何进行管理？

第五章　平菇栽培

第一节　概述

平菇学名侧耳，又叫北风菌、冻菌、蚝菌、鲍鱼菇等。在分类上属于真菌门，担子菌亚门，伞菌目，侧耳科，侧耳属。目前我国已发现的食用平菇有 30 多种，但栽培最广的有糙皮平菇、紫孢平菇、漏斗平菇（凤尾菇）、金顶平菇和佛罗里达。

平菇肉肥质嫩，味道鲜美，营养丰富，又有药用价值，并且适应性广，抗逆性强，培养料来源广，栽培方法简便，生长快，周期短，成本低，产量高，现在全国各地栽培相当广泛，是食用菌中的后起之秀。

20 世纪初，欧洲人开始用锯末栽培平菇，随后日本的森本彦三郎和我国的黄范希进行了瓶栽尝试。1964 年广江勇创造了短段木埋土栽培法，从而大大提高了平菇产量。1972 年刘纯业以棉籽壳为原料，进行生料栽培（培养料不经高压或常压灭菌）获得成功，这是平菇栽培在材料上的一大创新，开创了代料栽培的先例。近年来，平菇栽培发展很快，几乎遍及全国各地，人们在实践中创造出了不少栽培新技术、新工艺、新经验。

第二节 平菇的生物学特性

一、平菇的形态

平菇的形态包括菌丝体和子实体两部分。菌丝体是人们肉眼看到的白色丝状物。如果放在显微镜下观察，则是透明的小管，由许多的细胞组成，每个细胞里有两个细胞核。它们担负着吸收营养物质的功能。子实体是人们食用的部分，它是平菇形成种子——孢子的机构。在子实体的背面有好多薄纸状的东西，称为菌褶，菌褶上面布满平菇的孢子。子实体的发育分为四个阶段。当菌丝体生长到一定时期会相互扭结，在表面出现小米粒状的白点，进而形成许多桑葚状的菌胚堆即子实体原基，这一阶段称为原基期。因形似桑葚，又称桑葚期。原基期持续的时间不长，很快原基上就会长出许多棍棒状的小梗，从外形上看很像珊瑚，此期称为分化期，又可称为珊瑚期。珊瑚期持续的时间也不长，几天后就可看到棍棒的顶端形成小的菌盖，看起来已很像平菇了，此期称为成形期。原始菌盖迅速生长，菌柄也随之伸长变粗，即发育为成熟的子实体，此期称为成熟期。

二、平菇的生活条件

尽管平菇的适应性很强，但要获得优质高产，还必须满足它所要求的适宜环境条件。

1. 营养

平菇是木腐菌，所需要的营养物质有碳源、氮源、无机盐类和维生素等。均可从锯末、棉籽壳、稻草、麦秸、玉米芯、玉米秸、豆秸等培养料中获得。

2. 温度

菌丝在 5～40℃都能生长，但以 24～27℃最适宜。子实体形成的温度在 8～22℃，以 15～18℃为最适宜。根据子实体分化对温度的要求不同，可将平菇品种分为：

低温型：子实体分化的温度为 10～15℃。代表品种有：831、539、白灵菇等。

中温型：子实体分化的温度为 16～20℃。代表品种有：佛罗里达、凤尾菇、姬菇等。

高温型：子实体分化的温度为 21～26℃。代表品种有：高温 831、HP1、侧 5、鲍鱼菇等。

广温型：子实体分化的温度为 3～34℃。代表品种有：792、802、新 831、推广 1 号、太空 2 号、平杂 17 等。

不同的季节栽培，要选用相应的菌种。

3. 湿度

菌丝发育阶段培养料含水量 60%～65%为宜，空气相对湿度要求 70%左右。子实体发育时期对空气的相对湿度要求在 90%左右。

4. 空气

平菇是好气性真菌，在菌丝生长阶段要注意适当通风换气，子实体形成及生长期，必须有良好的通气条件。否则，子实体生长不正常，会影响平菇的质量和产量。

5. 光线

平菇菌丝生长阶段不需要光线，但子实体的形成需要一定的散射光，在完全黑暗的条件下，子实体原基（幼蕾）菌盖均不易形成。

6. 酸碱度（pH 值）

平菇菌丝在 pH 值为 3～7.2 之间均能生长，子实体发育适宜的 pH 值为 5.5～6。配制培养料时，应把 pH 值调到 7.5 左右，因为在拌料、灭菌及生长代谢过程中，pH 值会下降。

第三节　栽培技术

平菇栽培的方法很多，目前多采用塑料袋栽培、室内生料床架栽培和室外阳畦、塑料大棚栽培以及与农作物间作套种等。

一、栽培季节的选择

栽培平菇，目前主要还是利用自然气温，进行秋冬和春季栽培。高温季节虽可栽培，但病虫害严重、产量低管理不便。利用自然气温栽培平菇，从播种到采收完，需要4～6个月，可收3～4茬。据历年气温记载，河南每年6月份平均气温在25℃以上，持续到9月初温度才逐渐下降到25℃以下，所以每年6、7、8三个月不适合平菇子实体的发生和生长。这三个月只能作修整菇房及培养菌种等准备工作。故播种从9月份开始，一直可以播到次年2月底。3月份虽可播种，但只能收两茬，便到夏季高温，需要过夏天，病虫为害严重，拖长了生产周期，降低产量和效益。

二、菇场的选择与消毒

栽培平菇在室内、室外均可。但应注意菇场应比较清洁，有光线，能保温保湿，通风换气方便。菇场选好后，要先消毒，特别是老菇场更应消毒，以杀死残存的害虫和病菌。消毒可用硫磺熏蒸，用量为10～15克/立方米空间或用甲醛熏蒸，用量为6～10毫升/立方米，也可用3%的来苏儿喷洒。

三、栽培料的选配

可用作栽培平菇的培养料很多，但目前看来营养均不如棉籽壳，现列举几种常用的配方如下：

1. 棉籽壳培养料

棉籽壳100千克，过磷酸钙2千克，石灰1～2千克，石膏1～2千克，糖1千克，水120～140升。

先将棉籽壳暴晒1～2天，拌料时加入0.1%多菌灵或甲基托布津，如再加0.25千克尿素更好，含水量应控制在60%左右。

2. 阔叶锯末培养料

锯末78%，麦麸20%，蔗糖或葡萄糖1%，石膏1%，水适量，将培养料拌至手握指缝间有水滴不下落为度。

3. 玉米芯培养料

玉米芯 100 千克，麦麸 1～2 千克，石膏 1 千克，石灰 1 千克。

将没有霉变的干玉米芯粉碎成黄豆大的颗粒，将上述各原料充分混匀，边拌边加水，约需水 60 升，使其吃透水，并用上述方法检查含水量。

4. 豆秸培养料

豆秸粉 100 千克，麦麸 10 千克，过磷酸钙 1～2 千克，水约 70 升。配制方法同上。

5. 花生壳培养料

将花生壳粉碎成小颗粒，每 80 千克花生壳加入棉籽壳 20 千克、糖 1 千克、水 60～70 升充分混匀。

四、栽培方式

（一）塑料袋栽培

塑料袋栽培既省工又便于管理，还能充分利用菇房空间，减少病虫害，易于栽培成功。它不仅适用于室内栽培而且也适用于塑料大棚内，人防工事等地方进行栽培。这是近几年推广的一种模式栽培法，其程序为：

选袋→配料→装袋接种→菌丝阶段管理→出菇阶段管理→采收及下茬菇管理。

1. 选袋

塑料袋可选用厚 0.04 毫米，宽 25～30 厘米的聚乙烯专用筒料，截成 40～50 厘米长的塑料筒（双开口）即可。

2. 配料

按上述任一配方进行拌料，拌匀后进行高温发酵。堆底宽 1～1.5 米，上宽 1～1.2 米，高 1～1.2 米，长度不限。建堆要松，表面稍加拍平后用木棒隔 30 厘米打一透气孔，上覆塑料膜。当料温达 60℃以上时，保持 24 小时，进行第一次翻堆。稍加拍平，打孔，继续发酵，当料温达到 60℃以上时，进行第二次翻堆。如此翻堆三次，调节 pH

值 7～8 后，就可装袋。

3. 装袋接种

先将塑料筒一端用大头针别上，撒入一些菌种，装入一层培养料，整平压实，再撒一层菌种，再装一层培养料，最后再撒一层菌种，使菌种与料紧密接触，而后用大头针将另一端别上。接种量一般为干料的 10%～15%。菌种用 3～4 层，关键是靠近袋口多撒一些菌种，使平菇菌丝优先生长，杂菌就难以滋长。料要尽量装实，以手托中央，袋子不变形为宜。

4. 堆积

将封好口的袋子一层层排好堆积在一起，堆积的层数应根据播种时的气温而定，气温在 10℃左右，可堆 4～5 层，在 18～20℃堆 2 层为宜，注意防止高温烧死菌种，待两周后温度稳定下来，再堆放成更多层。

5. 管理

播种后两天料温开始上升，每天要注意料温变化，防止料温上升到 30℃以上。当料温上升到 28℃时，及时打开门窗，向地面喷水，以降低温度。若温度继续升高，可进行倒堆或减少层次，以达到降温之目的。最好能控制温度在 20～24℃，室内空气相对湿度保持在 65%左右。待菌丝吃料 23 厘米，用消过毒的直径 6～8 毫米的钢筋，从袋子的两端纵向扎 4～6 个孔，两端扎透促进菌丝生长。一般经 30 天左右，菌丝布满全料后，去掉封口用的大头针，适当松口，可给予一定的温差刺激，适当增加光照，增加空气相对湿度达 80%～90%，经 5～10 天，袋子两端就会出现菇蕾。菇蕾出现后，要将袋口撕掉或翻卷，露出原基。具体管理措施如下：

子实体发育初期即原基期（或桑葚期）应控制用水，切忌直接喷水，可适当增加空气相对湿度，温度保持在 15～18℃，3～5 天即进入珊瑚期，此期仅 2～3 天，这期间的管理，主要是喷水，喷水时应做到细、少、勤。适当增加通风次数。进入成形期，随着菇体的增大需水量也越来越多，但喷水仍应掌握少而勤的原则，一般每天喷 3～4 次，阴雨天不喷或少喷，晴天可多喷，以提高相对湿度为主，但尽量避免直接向菇体喷水，防止急水喷坏菇体。通风也很重要，如果通气不良会造成菇柄粗大，菌盖薄小等发育不良现象。

6. 采收及下茬管理

平菇要适时采收。当子实体长至八成熟时，菌盖尚未完全展开，孢子尚未弹射之前，是平菇的最适收获期。采时用刀子紧贴料面切下，不要损坏料面把菇根切净，以利下茬出菇。

第二茬的管理。采收后要停水 1～2 天，然后拉下袋口，喷水保湿，约经 10 天会出现第二茬菇蕾。其管理同上。

第三茬的管理，关键在补水，经两茬生长料内已严重缺水，可将菌袋在水中浸泡 24 小时，或用补水器补水，一般每袋补水 250～300 克，水中添加适量尿素或糖、味精更好。

塑料袋栽培，一般可收四茬，为获得高产也可在第一茬采收后就适当补水及营养。

（二）室内生料床架栽培

1. 搭架

只在地面栽培也行，为了充分利用空间，也可搭几层床架。一般床架宽 70～80 厘米，长不限，层间距在 70 厘米以上。床架上要铺木板或竹片、编织较密的苇席，为防止床下出菇，可再铺一层塑料薄膜。

2. 拌料

同前述。

3. 上料

将拌好的培养料在床架上摊开铺平，用木板轻轻压平，料厚 15～20 厘米，天暖时料要铺薄一些，天冷可厚一些。

4. 接种

接种前先将菌种瓶外部及盛放菌种用的脸盆、用具等用酒精或来苏儿消毒，用镊子或筷子将菌种从瓶中挖出，掰成小块，可按 100 千克干料加 10～15 千克菌种之比例，将菌种的 70%～80%拌到培养料里面，余下的撒在表面，稍加拍实，盖上塑料薄膜。

播种方式有混播，层播和穴播 3 种，无论采用哪种方式都应保证表面有足量的菌种。

5. 管理

上床后的培养料在 7 天内，有个高温阶段，料温升到 28℃以上时要及时揭膜通风散热，防止烧料，调节料温在 25℃左右。

在整个菌丝生长阶段，一般不要向料面喷水，必要时可向地面、空气、床架背面喷雾，调节空气相对湿度在 70%左右为宜，如料面积有过多的黄色水珠，可揭膜抖掉。

菌丝生长阶段一般不须通风，但如果封闭过严，室内栽培过多，可考虑在一周内揭膜 1～2 次。

在 22～25℃下，30 天左右菌丝可吃透整个培养料，逐步形成子实体原基。

如果菌蕾迟迟不能形成，可采用以下方法催菇：（1）降温及温差刺激，如停止加热或在温度最低时打开门窗；（2）适当增加光照；（3）加强通风；（4）增湿，使空气相对湿度达到 80%～90%。菌蕾就会逐渐形成。

子实体生长阶段的管理方法，基本上同塑料袋栽培，主要是做好控温，通气及温、湿度的管理。

采时注意不要损坏料面，大小一次采完。清理床面，干燥 1～3 天后，再喷一次重水，覆盖薄膜催出二茬菇，一次栽培可出 3～4 茬菇，管理方法同前。

（三）露地阳畦栽培

1. 做畦

选择背风向阳的地方，坐北朝南即按东西走向做畦，畦长 4～5 米，宽 0.8～1 米，深 0.2～0.4 米，池的南墙低，北墙高，约相差 0.15 米，池底压实，四周拍平。池面上每隔一定距离设置一竹架，以便覆盖塑料薄膜，做成拱形更好，上面还要加盖草苫，防止阳光直射，影响平菇生长。

2. 配料

同上述。

3. 接种

（同生料床架栽培）播种后用薄膜盖严。

4. 管理

室外栽培关键是维持一定的温度与湿度，冬季加厚覆盖物，如果想赶季节可以利用地热线或“火龙”等形式加热。

出菇期间，为了保湿不要把薄膜全揭掉，可以多揭开几个口通风，注意勤洒水，其他管理同室内栽培。

（四）塑料大棚栽培

塑料大棚的建造方式多种多样（大棚建造参照第四章），在棚内可进行畦床栽培、埋土栽培和塑料袋栽培等。因易受自然条件的影响，棚内温度变化较大，故需根据气候变化，调节覆盖物的厚度和面积。为便于控温和增湿，生产上常做成半地下式大棚（见图 5-1）或地下式小棚（即地沟）。

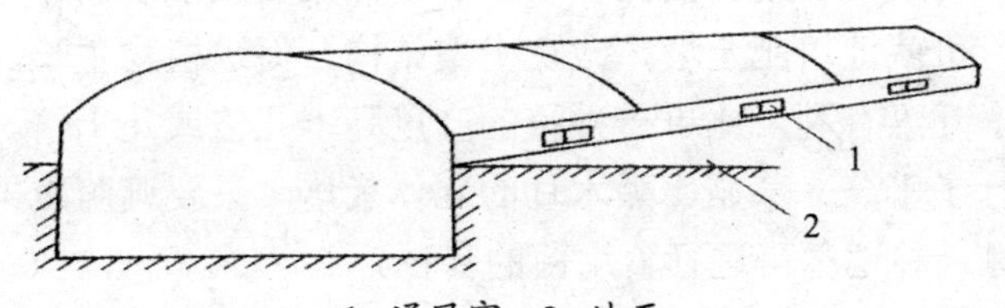

1. 通风窗；2. 地面

图 5-1　半地下式大棚

（五）阳畦栽培

在室外挖畦，将种料装在畦中，像种菜一样，使其在莱畦里出菇。具有成本低、产量高等特点。但受自然条件影响大，应严格选择栽培期。

1. 挖畦播种

挖畦：畦宽 1.5 m，长 5～10 m，深 30 cm。中留 15 cm 土埂，埂上挖浅沟。

播种：层播、压实→盖消毒报纸→膜（大于畦面）→草帘。

2. 管理

发菌：调畦温、约 7 天后抖膜透气，勿高于 30℃、勿揭去薄膜、勿料面喷水。

分化：料硬实后，破纸、沟浇水、弓膜，加大湿度、光照、气温。

长菇：现原基后，取消温差，加大湿度、光照、气温。

间歇期：清料面，覆土 1 cm 厚，浇水及营养液。实现有土栽培，能提高 20%～30%的产量。

（六）平菇与高秆作物的套种

以往食用菌的生产多采用单一栽培。现今开创了立体种植，让食用菌与作物间作套种。使农田、果园成为天然的食用菌生长场所，高大的植物成为食用菌的保护伞，而菌糠又变成了农田作物的养分供给库，可就地培肥土壤，改良土壤结构，促进植物生长。它们相互促进，互惠有利，比单一种植的产量高十几倍或几十倍。现在已成功进行了平菇、草菇、黑木耳的立体栽培。只要遮荫效果好的农田、菜棚、林地都可进行食用菌的套种。

1. 菇畦

在有遮荫效果的菜畦或粮畦中间隔式挖菇畦。

2. 埋菌块

采用菌袋移植法，因直接播种于大田的成功率较低。

将出过 1～2 茬的菌袋脱袋，横排或切断立入畦沟中→覆土、浇水直至表土厚度 1 cm →经常洒水，保持表土湿润（7～10 天出菇）。最好备撑小拱棚，以防风雨。

第四节　平菇增产新措施

一、施用营养肥液

可用于平菇拌料或喷洒的营养肥液很多。现将几种效果较好的列举如下：

1. 菇根煮汁

将加工剪除的菌柄置锅中，加水以淹没为度，煮沸 20 分钟，过滤取汁，加 7～10 倍清水，在采收二茬后喷施于菌床上（或补注到菌袋内），此液营养全面，吸收转化快，一般可增产 10%左右。

2. 豆芽菠菜汁

将豆芽，菠菜洗净晾干，然后剪碎，加水研磨，过滤取汁，加水稀释 500 倍，于播后 15 天开始喷施，1 500 毫升/平方米。此液含有丰富的维生素 B、维生素 E 及矿质元素，菠菜中含的醋酸、草酸，对菌丝生长和子实体分化及生长都有明显的作用，出菇可提前 2～10 天，产量增加 20%以上。

3. 何首乌红茶菌液

何首乌 2 千克，切片煮水 20 千克，加等量 50%红茶菌液，在出菇前喷 3～5 次，可增产 40%左右。

4. 赖氨酸营养液

畜用赖氨酸 5 千克，小麦发酵粉 10 千克，加水 90 升或精制赖氨酸 1 千克，加水 100 升，加体积比为 5×10^{-6} 的三十烷醇。气温高时用煮沸冷却液喷洒，最好直接喷在菌褶上，尽可能不落在料面上，以减少用量并防止杂菌污染，春秋低温加大用量，增产 40%～50%。

5. 海藻酸钠营养液

海藻酸钠 1%，海带煮水 49%，拌料（秋后）或出菇时喷洒，可增产 30%以上，春末秋初高温，麦粒种不可用，以防止菌丝自溶。

6. 复方腐植酸钠营养液

畜用复方腐植酸钠，含量为 67%，配成 0.1%～2.5%，溶液喷洒可增产 30%。

7. 糖、味精、维生素 B 复合液

在子实体发育阶段，用 1%食糖，加 0.03%味精，0.05%维生素 B，每平方米喷洒 30 毫升，日喷 4 次，连喷 3 天，可增产 15%左右。

8. 糖及尿素溶液

在子实体生长阶段，喷洒 1%的葡萄糖或蔗糖、麦芽糖均可，还可用 0.1%尿素喷洒，均可提高平菇产量。

二、墙式出菇法

选发满菌丝，达到生理成熟的菌袋，用刀按菌袋长度的 1/2～1/3 割去中间的塑料薄膜（两端留着）以防泥沙流到菇体上。

选择土壤肥沃的菜园土或池塘土（按 500 千克培养料需 1 立方米土计算），加入 1%～2%石灰、0.5%磷酸二氢钾，然后和成泥。

把处理好的菌袋像垒墙一样两端朝外整齐排放在菇场上，留好人行道，袋与袋之间留 2～3 厘米的空隙，每排好一层覆上 2～4 厘米的泥，泥上撒上一层尿素（按培养料干重的 0.5%）更好，这样一层袋一层土一层肥，共排放 6～8 层。最上的一层要覆土多一些，整成一个小水沟，通过对小水沟浇水，可经常保持营养土的湿润。既保证了水分的供应，又减少了喷水的次数（见图 5-2）。

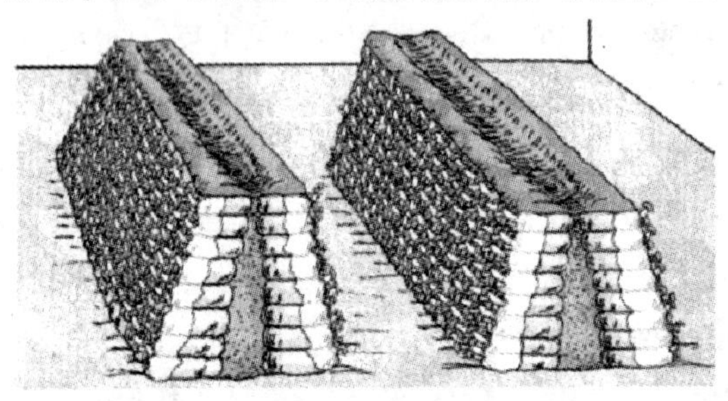

图 5-2 墙式出菇示意图

利用此法出菇，省工，出菇集中，品质好，比常规法可增产 39%～110%。也可采用两个菌袋横向排列，即两垛靠在一起，每袋只从一端出菇的垒法，可以防止倒塌，适于短菌袋垒墙。

三、覆土栽培

床栽或袋栽，当菌丝吃透培养料后，达到生理成熟时，即可进行覆土栽培。土壤应选择肥沃的菜园土或池塘土，土质以壤土较好，喷洒 0.2%的多菌灵以杀死土中杂菌。

床栽覆土时，可将处理过的土壤，均匀覆于料面，厚 1～1.5 厘米，喷水使土壤保持湿润，以后同常规管理。

袋栽覆土，应在室外挖一宽 100～150 厘米，深 50～60 厘米，长度不限的坑，将发好的菌袋脱去薄膜，直立摆放一层，用土填满孔隙，覆土高度低于菌袋 1～2 厘米，然后灌透水，上面覆膜（拱形）保温，其他管理同常规。据胡俊江等试验，利用此法可增产 30%～100%。

四、平菇两段出菇法

两段出菇法，即常规出菇和覆土出菇相结合，第一茬或前二茬用常规法出菇管理，出过一茬或二茬菇后，脱去薄膜，在室外挖一宽 100～150 厘米，深 50～60 厘米的坑，将菌棒直立埋于土中，覆土 1～2 厘米，然后灌水，覆拱形膜，其他同常规。

思考题

1. 平菇栽培有何特点？什么时间栽培比较合适？
2. 栽培平菇可选用哪些培养料？栽培前怎样进行处理？
3. 平菇播种时应注意哪些问题？
4. 秋栽平菇怎样进行菌丝和出菇阶段的管理？
5. 平菇栽培中，杂菌污染的原因有哪些？如何防止？

第六章 金针菇栽培

第一节 概述

金针菇又名构菌、冬菇、朴菇、毛柄金钱菌等。在真菌分类上，隶属于担子菌亚门，无隔担子菌亚纲，伞菌目，金钱菌属。

金针菇是秋末至早春发生的菌类，具有菌柄脆嫩、菌盖黏滑、味道鲜美等特点。金针菇含有 18 种氨基酸，尤其以赖氨酸、精氨酸含量较高。学龄儿童经常食用可以有效地促进智力发育，故又称为“增智菇”。金针菇不仅有很高的食用价值，而且也有药用价值。金针菇子实体中含有酸性和中性的植物纤维（又称洗涤纤维、食物纤维），能吸附胆汁酸盐，调节胆固醇，降低人体内胆固醇含量。金针菇的纤维可以促进胃肠的蠕动，防止消化系统疾病，还可以预防高血压，并有治疗肝病和肠胃溃疡病的效果。金针菇的子实体中还含有一种金针菇素（又称朴菇素、火菇素），是一种碱性蛋白质，具有显著的抗癌作用。

我国金针菇的栽培历史悠久，早在公元 6 世纪（533—544 年）贾思勰的《齐民要术》中已记载了构菌的接种和培养方法。1928 年日本的森本彦三郎发明了以木屑和米糠为原料的栽培法。20 世纪 30 年代，我国的裘维蕃、潘志农等人也进行了瓶栽试验。20 世纪初我国开始采用聚丙烯塑料袋栽培。金针菇的单位面积产量和经济效益高于大部分菇类，栽培材料除木屑外，还有棉籽壳、甘蔗渣等。目前，栽培方式已从瓶栽转为塑料袋栽培，北方地区床栽和箱栽也取得一定的进展。日本从 20 世纪开始，利用各种自动化控制设备，形成一整套工业化生产金针菇的体系。最近日本长野县通过生物工程方法，育出白色金针菇新品种，在我国也已得到较大面积推广。

第二节　金针菇的生物学特性

一、金针菇的形态特征

（一）菌丝体

菌丝白色，菌落呈细棉绒状和绒毡状，稍有爬壁现象。生长速度中等，13 天左右可发满斜面。菌丝老化时，菌落表面呈淡黄褐色。冷藏后，在试管内易形成子实体。显微镜下，菌丝粗细均匀，具有锁状联合结构，锁状突起一般为半圆形。

（二）子实体

野生金针菇子实体丛生，菌盖直径为 2～10 厘米（人工栽培的为 1～3 厘米）。幼时扁平型，盖缘内卷成波状。湿时，菌盖表面有黏性，中央淡黄褐色或暗褐色，边缘淡褐色。菌肉近白色。菌褶白色或淡奶油色，狭生，并延伸至菌柄。菌柄稍硬，长 2～20 厘米，直径 0.2～1.5 厘米，生长前期中实，后期中空，黄色品种的菌柄上部淡黄色，下部黑褐色并具有绒毛。孢子印白色，孢子无色，表面光滑，长椭圆形。

目前，我国栽培的金针菇根据子实体的色泽可分为黄色品种、白色品种以及颜色介于两者之间的杂交种。黄色品种，菌盖黄褐色，菌柄茶褐色，基部绒毛多；白色品种，菌盖白色，菌柄白色，基部有绒毛。在国外白色品种比黄色品种更受人们的欢迎。杂交种颜色介于两者之间、抗性强、产量高，是近年来推广较快的一类品种，如杂交 19。

二、金针菇的生活史

不同品种的金针菇其生活史均相同。

（一）有性阶段

成熟孢子散发出来后，遇适宜的栽培环境萌发长出芽管，芽管不断发生分枝并延伸，形成单核菌丝（也有人认为，绝大部分孢子均为双核，萌发后直接形成双核菌丝），可亲和单核菌丝质配合后进一步发育成双核菌丝，双核菌丝经一定发育阶段后，扭结成原基，逐步发育成子实体，完成自己的生活史。

（二）无性阶段

单核菌丝或双核菌丝在培养过程中，顶端能产生大量的粉孢子，据有人研究，金针菇菌丝断裂也可形成节孢子，当满足其发育条件时这些无性孢子又能重新形成单、双核菌丝。

三、金针菇的生活条件

（一）营养条件

金针菇营养包括碳源、氮源、无机盐类和生长辅助剂。这些营养都可以从木屑、棉籽壳、秸秆、蔗渣以及麦麸、米糠、玉米粉等物质中获得。但实践中发现添加一些镁离子（硫酸镁）和磷酸根离子（过磷酸钙）有促进菌丝生长的作用。

（二）环境因素

1. 温度

金针菇属于低温、恒温结实性菌类，温度对其菌丝生长和子实体发育有着重要的影响。金针菇的孢子在 15～25℃时易萌发成菌丝。菌丝在 4～33℃范围内生长，最适温度为 20～30℃。菌丝对高温的抵抗力较弱，在 32℃以上时，就停止生长。致死温度为 34℃。

金针菇原基发生温度为 5～19℃，最适温度为 10～15℃；子实体发育温度为 8～17℃，最适温度为 8～12℃。金针菇属低温结实性菌类，温度低于 3℃时，黄色品种的菌盖则变成麦芽糖色，冰点以下则变为褐色。

2. 湿度

金针菇为喜湿性菌类。要求培养基含水量为 65%～68%。发菌阶段的空气相对湿度必须控制在 70%以下，湿度太高，污染将会加大。子实体催蕾期间，空气相对湿度应控制在 80%～90%。

3. 空气

金针菇是好气性菌类。培养过程中必须通风换气。O_2 不足，菌丝体活力下降，呈灰白色。但在子实体发育期间，反而需要根据子实体不同发育阶段，调节 CO_2 的含量，以促进菌柄伸长，抑制菌盖展开，从而达到优质商品菇的要求。白色品种无论在菌丝体培养阶段还是在子实体形成阶段，需氧量均比黄色品种高。

4. 光线

金针菇是厌光性菌类。在黑暗条件下菌丝生长正常，但全黑暗条件下又难于形成子实体原基。微弱的光线有诱导子实体形成的作用。光线过强，会使黄色品种子实体的色泽加深，特别是菌盖的顶部及菌柄的下半部长期受光刺激易形成深褐色。光线过强还会促使菌盖过早展开。白色品种在强光下，色泽变化不明显。无论是黄色品种还是白色品种，强散射光下均有促使菌柄增粗的趋势。金针菇对红光和黄光不敏感，为了保持商品价值，室内以红光作为工作光源较稳妥。

5. 酸碱度（pH 值）

金针菇适合在弱酸性培养基上生长。菌丝生长的 pH 值为 5～8，最适宜的 pH 值为 5.4～6.5；而子实体 pH 值在 4～7.2 之间均能形成，最适宜的 pH 值为 5.4～6.2。

第三节 栽培技术

金针菇的栽培方法有段木栽培和代料栽培两大类。根据栽培容器的种类，可分为瓶栽、袋栽、箱栽、床栽等。根据培养基主料的种类，又有木屑栽培、棉籽栽培、甘蔗渣栽培、甜菜丝栽培、高粱壳栽培、酒糟栽培等。有别于传统段木栽培的方法，统称为“代料栽培”。

一、代料栽培的工艺流程

采用各种容器代料栽培的工艺基本相同，塑料袋栽培金针菇是目前主要的栽培方式。

确定栽培季节→栽培前准备→配料→装袋→灭菌→接种→菌丝培育→催菇→抑蕾→拉袋→管理→采收。

二、栽培季节的选择

从金针菇生物学特性可知，金针菇属于低温结实性菌类。菌丝培养的适温为 20～23℃，出菇期安排在 8～12℃，可以获得高质量商品菇。子实体原基形成的最高温度黄色品种为 19℃，白色品种为 17℃。另外，在适温培养条件下，接种后至生理成熟，黄色种需 45～50 天，白色种需 55～60 天。目前国内主要选择适宜气候进行栽培，所以仅能栽培一季。各地应根据当地气温变化趋势安排生产。首先找出当地入秋后旬平均气温稳定在 14℃的具体日期，向前推 50 天则为黄色种制袋日期，前推 60 天则为白色种制袋日期。河南可以在 9—11 月份开始制袋，到 10 月底或 11 月初，自然气温降至 12℃左右，金针菇达到生理成熟之后便破袋而出了。接种时间推迟，不仅影响出菇，产量还明显下降。白色种不耐高温，易污染，更适在低温下生长，故大批量栽培白色品种时，常从确定的制袋始期，再推迟 1～2 个节气安排制袋。

各地早春气温回升速度不一，旬平均气温稳定在 18℃时为栽培结束期。金针菇栽培全周期为 100 天左右。

三、栽培室设置

金针菇袋式栽培分为菌袋培养、出菇管理两个阶段。少量栽培时，两阶段同室进行，即单区制。大规模工业化生产时，宜采用三区制式，即包含发菌室、抑蕾室及栽培室。国内大多将发菌和出菇放在两室内进行，称双区制。

1. 发菌室

发菌室为接种后菌袋的培养场所。要求阴暗，能定期通风换气，便于控制温、湿度。一般发菌室面积为 20 平方米左右，不宜过宽、过长。为了提高发菌室的利用率，室内设置栽培层架。若发菌室兼做栽培室（单区制栽培）时，为了操作方便，层架设置 3～4 层，层间高度为 45 厘米，底层离地面 20 厘米。采用多区制式栽培时，层架高度改为 25 厘米就能满足菌袋培养期内对氧气的需求。根据计划栽培的数量，安排发菌室的间数（每平方米可放 80 袋）。大规模生产时，若有足够的栽培场所（如旧仓库）等，也可直接置于地面，利用早秋地表气温较低的条件，进行就地发菌，就地出菇。但这种方法存在着温、湿度较难以控制等缺点。

2. 抑蕾室（吹蕾室）

采用抑蕾新工艺的目的是促使菇蕾形成整齐、密集。要求室内阴暗通风、干燥，便于排湿。室内不必设置栽培架，面积为 20 平方米左右。少量栽培时，可直接在栽培室地面进行抑蕾。工厂化生产时，应设置可往复运动的调控吹干机（气流速度为 15～50 厘米/秒）。

3. 栽培室

栽培室是进行出菇管理的专门用房。要求阴暗、通风、近水源。室内设置层架，同发菌室双区制式时使用的层架规格相同，用于摆放抑蕾后的栽培袋。若直接摆放在旧仓库地面上栽培，操作较方便。

四、培养料的配制

（一）配方

金针菇培养料配方很多。

如以棉籽壳为主可选用：①棉籽壳 95%、玉米粉 3%、石膏 2%；②棉籽壳 88%、麦麸 10%、石灰 2%；③棉籽壳 78%、木屑 10%、麦麸 10%、糖 1%、石灰 1%。

以木屑为主，可选用：①木屑 78%、米糠或麦麸 20%、糖 1%、石膏 1%；②木屑 48%、棉籽壳 48%、玉米粉 3%、石灰 1%。

其他配方：①甘蔗渣 79%、米糠 20%、石灰 1%；②甘蔗渣 64%、棉籽壳 30%、玉米粉 5%、石灰 1%；③玉米芯 49%、棉籽壳 40%、麦麸 10%、石灰 1%。

（二）配制

（1）配制方法：根据制作时气温的高低及主辅料的干湿度调整配方，按实施配方称量。先将不溶于水的物质干混均匀，再将可溶性辅料溶于少量水中制成母液，并加水稀释，分次注入培养料混匀。闷堆 1 小时，以使培养料充分吸水。装袋之前最终含水量为 60%～65%，用手握料，以指缝间有水滴落下，但不成串为度。

（2）注意事项：棉籽壳含有大量短绒纤维、油脂，不易与水亲和，手工操作时应事先将棉籽壳踩压或挤压使之充分地预湿 1～2 小时，然后再按常规配料。有条件者可直接使用搅拌机搅拌，或人工搅拌后再用装袋机推料两遍。通过机械的挤压作用，使培养料充分吸湿。该法可以省掉预湿工艺。

五、料袋的制备

1. 装料

装料时先将袋子一端（距袋口 8～10 厘米处）扎牢，然后装料 20～25 厘米，另一端也留 8～10 厘米长，紧贴培养料扎口，料尽可能装紧，但不能使袋子变形。

2．灭菌

灭菌一定要彻底，大量栽培以常压灭菌较适宜。注意装锅时不能太实，以利于蒸汽穿透。因料筒体积较大，为了达到充分灭菌的目的，灭菌时间要适当延长，一般为100℃维持10小时。

六、接种

1．菌种质量的鉴别，优质菌种的菌丝洁白、粗壮、致密、略有爬壁现象，菌龄30～45天，若菌种培养基表面出现金针菇幼蕾，则说明该菌种绝对可靠，而且应尽快使用。接种时，只需扒弃表面子实体原基即可。如果菌种菌丝生长稀疏，则可能是培养基灭菌不彻底所致。透过菌种瓶壁观察，若培养基表面出现不规则的褐色斑块，放大镜观察时，看到螨的活动。对于这样的菌种应弃之，或投入沸水中热烫。

2．接种方法灭菌后待温度下降至40℃左右时，开始出锅，将料袋移入无菌室或接种箱，注意不要碰破袋子，然后进行灭菌，再按常规无菌操作要求进行接种（详阅第二章）。为了减少污染、缩短栽培袋菌丝培养时间，以及使栽培袋同步出菇，常采用加大接种量的办法，促使菌丝尽快定植封面，防止后期污染。接种后扎上袋口。菌种尽可能均匀分布在培养基表面，一般每瓶菌种可扩接25～30袋。

七、管理

（一）菌丝培养阶段的管理

接种后的菌袋置于发菌室的培养架上培养。室内仅需微弱的散射光，同时保持室内空气相对湿度为60%～70%。培养初期，发菌室内温度应控制在20～23℃。进入培养中期，袋内菌丝新陈代谢逐渐旺盛，袋温可升高2～3℃。若此时外界气温较高，对于重叠堆放的栽培袋仍易发生“烧菌”现象。因而，在早秋制袋时，栽培袋的排放，应留有适当空隙，夜间还应通风换气。每隔一段时间（7～10天），调换菌袋位置，使菌袋受热均衡，发菌一致。一般培养30～35天即可满袋，再继续培养15（黄色品种）～20天（白色品种），达到生理成熟后，便可进入出菇管理。

（二）子实体发生阶段的管理

1．催蕾

生理成熟后，栽培袋受到低温刺激，培养基出现淡黄色液滴，这是出菇的预兆。即进行出菇管理。

当菌丝体布满袋后，为使早出菇、出菇齐，可采用下列方法催菇：（1）掌握好温度，金针菇子实体分化适宜的温度是10～16℃，而要获得高产优质最好是6～10℃，因此，要选择气温有明显下降的时候开袋，有利于菇蕾的形成。开袋时，解开扎绳，松动袋口，以利透气。（2）加大菇房昼夜温差，在开袋的头两天夜里把菇房的门窗打开。（3）提高菇房及出菇位置的空气相对湿度。（4）采用再生栽培法，金针菇出菇往往不太一致，有些菌袋长出的子实体比较稀少，开袋出菇影响第一茬产量，在这种情况下，可将袋内长出的比较稀的子实体压倒，使其紧贴并均匀铺满料面。若少量已长菌盖，可剪去菌盖。处理后要加强通风，经过3～4天，会从压倒的子实体上长出大量的小白点（子实体）。从而使菌袋出菇量增加，商品率提高。

2．适时抑蕾

催蕾后袋内形成丛状、密集、针尖状的菇蕾，为使子实体生长一致，常采用降温及增加通风的方法等措施来抑制大蕾的生长，促进小蕾生长。拉直袋口，并顺手将袋口向外翻折2～3次近至培养基表面，置入抑蕾室。抑蕾室温度控制在4～5℃，相对湿度80%～90%，少量栽培时可直接移置出菇室地面，利用菇房地窗对流的干燥微风横吹，迫使较长尖针状菇蕾失水萎蔫、倒伏。通常，倒伏后的第3天，可明显地看到密集的菇蕾从菌柄基部重新长出，并且高矮近一致。倘若第三四天后仍未见菇蕾重新形成（可能是湿度不足，即低于 75%），手触摸菇蕾有“刺感”，则可轻喷水一次，随即覆盖薄膜保湿。倘若第三四天后菇蕾依然高低不齐，则是由于抑蕾期内空气相对湿度太高（高于 90%），原先生长较长的菇蕾未达到近萎蔫状态所致。整个抑蕾期为 3～8 天（根据当时天气的阴、晴和风速而定）。

3. 适时拉袋

抑蕾后，搬回出菇室（出菇和抑蕾也可在同室进行）。待新形成的菇蕾长度达到 3～4 厘米后，即可拉直袋口。若拉直袋口太早，则会造成菌袋中间菇蕾因缺氧而不能充分发育，产量明显下降。故应分两次提高袋口。提高袋口的目的是增加袋内二氧化碳浓度和空气相对湿度，以促进菌柄伸长，达到商品菇的要求。应注意使袋口完全挺直，否则会缩小出菇面积而影响产量。袋口一次拉高还是二次拉高，取决于栽培室内栽培袋数和通风状况。若栽培量大时，应分次拉口。袋拉高后至采收需要 13～15 天（视当时气温而定）。此阶段温度应控制在 14～16℃，在此温度下，长出的菇体色白、柄长、质脆。空气相对湿度保持在 85%～95%，不要过高或过低。喷水要细、少、勤、匀，并注意不要向菇体上喷水。

4. 弱光保色

金针菇的色泽很大程度上决定其商品价值的高低。黄色品种对光线极为敏感，生理成熟后的栽培袋若一直处于较强散射光（100～500 勒）下诱导，菇蕾形成的数目仅为弱光（50 勒以下）催蕾数目的 1/10～1/3，而且前者菌柄明显增粗，单从鲜菇明显减轻。进入抑蕾期后，随着散射光强度的增加或照射时间的延长，菇体颜色从淡黄色转为浅褐色，菌柄基部更为明显，这严重影响商品外观。因而，无论是抑蕾还是出菇阶段，栽培室内散射光强度应控制在 10 勒以下。此外，金针菇具有强烈的向光性，因此栽培袋不应移动，而工作光源应尽量固定，否则，菇柄会出现扭曲现象，严重时破裂，形成“软菇”。

5. 适湿保质

鲜菇含水量 90%，其中绝大部分是从培养基里吸收的。人为喷水保湿仅有增加菇房湿度、调节蒸腾的作用。菇房空气相对湿度低于 80%时，菇盖明显出现皱褶，影响鲜菇重。但当菇房湿度高于 92%时，湿度差的变化很容易使菇盖表面出现水渍状的“水菇”，同时还易出现软腐病和褐色斑点病。

6. 综合管理

金针菇发育的任何阶段，都离不开温、湿、氧、光诸条件，但不同发育阶段需求重点不同。如抑蕾期结束后，随着子实体的发育，进入快速生长期，对氧的需求增加，此时若通风换气不足，栽培袋内空气相对湿度偏大，轻则出现菇上长菇，重则出现菇柄变成深褐色，并有水渍出现，完全失去商品价值。但通风换气过量时，就会出现菇盖不易张开的现象。如果室温高于 15℃时，易开伞。在子实体发育期间，白色品种较黄色品种需要更大的通风量而且也不易开伞。气温在 10℃左右，虽然菇体发育减慢，但菇质较优。此外，在栽培中还应注意，在菌丝培养阶段，黄色品种比白色品种耐湿。菇房内喷水量取决于子实体发育期生长状况、菇房结构、菇房层架数、通风及天气晴阴状况等。通常，菇柄高度在 10～12 厘米以前不喷水，可酌情向地面洒水，保持空气相对湿度为 85%。菇柄进入迅速拉长期（柄长 10 厘米以后），逐渐进行雾状喷水，使菇盖表面略有水珠即可。由大型仓库改建的菇房，空气相对湿度往往不易控制，培养袋可摆成畦状，采用地膜覆盖法保湿，每次喷水后，均应通风 20 分钟，使菇盖表面水珠消失，切不可喷“关门水”。待菇柄伸长至 15～18 厘米时即可采收。

（三）适时采收

当菌盖边缘开始离开菌柄，菌盖直径不超过 1.2 厘米，呈半球形，柄长 13～15 厘米时，为采收适期。过迟颜色变深，影响质量。采收后，可用铁耙耙弃菌袋表层的菌丝，并重新折叠袋口，经 10 余日第二茬菇即形成。管理方法如前述。也可不经搔菌，重新折叠袋口，大约 10 天后又形成菇蕾，但此法菇蕾整齐密集程度不如上述搔菌法，产量也较低。通常，黄色品种可采收 3～4 茬，产量集中在前二茬，占总产量的 80%，每袋产菇为 300～400 克。白色品种单产不如黄色品种，一般第一茬为 180～250 克，第二茬为 80～120 克。还要注意的是，采收第一茬后应让菌丝“休息”一周，对明显失水的栽培袋应进行补水。由于金针菇菌丝密集，不易吸水，可采用加压补水法，每袋补水 40～60 毫升，补清水或 1%的糖水更好。不能使袋内积水，否则易引起菌丝体自溶，也易感染绿色木霉。

金针菇培养料成分较为丰富，由于栽培时间较短，营养尚未耗尽，因此为了提高菇房周转率，采收二茬后，即可将培养料晒干、贮存，添入新料后进行熟料栽培平菇，也可待下一产季用于栽培金针菇，最后再回田。这样可以降低成本，提高经济效益。

八、金针菇床栽技术要点

（1）北方一些地区在冬季可以进行室内金针菇生料床栽，但必须待气温稳定在 14℃以下才能进行，否则易引起污染。

（2）栽培房的选择及栽培材料预处理如前所述。必须指出的是，不能用霉变、结块的棉籽壳进行开放式栽培。棉籽壳应尽可能新鲜，夏季烈日下暴晒 2～3 天。

（3）用 0.2%高锰酸钾溶液浸泡塑料薄膜，晾干，铺于栽培床架或地面，将配制好的培养料（含水 65%）搁置其上，料厚为 8～10 厘米，稍压实。

（4）选菌龄为 40～45 天的棉籽壳菌种，播种量要达到 10%～15%（干重）。采用穴播与层播相结合，料面全面撒种，播后稍压实呈龟背形。两侧薄膜相向轻轻覆盖上，交接处要重叠。

（5）播种后 10 天，若发现个别地方菌种未恢复，可掀动薄膜，换气 10～15 分钟，以后每隔 2～3 天午后短时间换气一次。40～50 天后即可发透培养料。

（6）每天揭膜通风 10～20 分钟，待菌床呈雪白色，并有淡黄色液滴出现时，将薄膜撑高 20 厘米，上面铺放报纸。每天向报纸喷雾保湿，进行催蕾。菌蕾形成后，维持薄膜内相对湿度 85%～90%，并注意通风。当菇柄伸长 15 厘米后，减少喷雾次数，使菇床面上方空气相对湿度降至80%～85%。

（7）菇柄伸长至18～20厘米后即可采收。采收后清理床面，覆盖薄膜，停水3～5天，然后继续诱导第二茬菇蕾形成。

九、喷施微量增产剂

在金针菇子实体发育期间，喷施下列药剂可显著地提高产量：

（1）稀土元素。实践证明，于金针菇现蕾、齐蕾和菇柄伸长期喷施稀土元素，可使出菇提早，单产增加30%以上。

（2）育菇素、育菇灵喷。施后可促进原基分化，提高整齐度，增加产量。

（3）"843"植物生长调节剂。用"843"6 000倍液拌料，可提高细胞活力，促进菌丝体和子实体生长。既缩短生育期，又可促进出菇整齐，从而提高产量。

栽培金针菇的方法还有很多，像瓶栽、室外保护地栽培、覆土栽培及人防工事栽培等，可结合具体情况选用，管理上参照上述方法进行。

思考题

1. 金针菇黄、白色品种在生物学特性上存在哪些差异？
2. 袋栽金针菇的程序及关键技术措施是什么？
3. 如何进行金针菇床式栽培？

第七章　木耳栽培

第一节　概述

黑木耳又称木耳、光木耳、云木耳。黑木耳和毛木耳同属于担子菌亚门，异隔担子菌纲，木耳目，木耳科，木耳属。在木耳属中还有皱木耳、黑皱木耳等十余种。其中最重要的数黑木耳。黑木耳营养丰富，耳味好，脆而爽口，深受人们喜爱。

黑木耳是我国生产的主要食用菌之一，为我国主要出口的食用菌商品。20 世纪 80 年代，我国的木耳产量占世界总产量的 70%，最近几年，我国黑木耳出口量占世界需求量的 50%左右。

黑木耳具有较高的食疗价值，有强精、补肾、活血、补血、强身壮体之功，是一种非常好的滋补品。

黑木耳的栽培技术有段木栽培和代料栽培。

毛木耳又名黄背木耳。它的最大特点是适应性广，抗杂能力强，耐高温，产量高，因而适合高温季节栽培，它可作为食用菌常年栽培的一个配套品种。毛木耳口感较差。

第二节　木耳的生物学特性

一、黑木耳、毛木耳的形态特性

黑木耳、毛木耳的形态包括菌丝体和子实体两部分。菌丝体白色或米黄色，紧贴培养基匍匐生长，毛短而整齐，菌丝不爬壁，在适宜条件下，约 15 天长满斜面，能分泌黑色素，使基质变成茶褐色。母种存放过久，有时在斜面的边缘或底部出现胶质状的木耳原基。

子实体薄而呈波浪形，形如人耳，子实体初生时形若杯状，长大后渐变为叶状或耳状，半透明，干燥时收缩成角质。耳片分背腹两面，朝上一面叫腹面，也叫孕面，生有子实层，能产孢子，为浅褐色，表面光滑有脉络状皱纹。贴近木头或培养料的一面为背面（不孕面），青褐色，密生短绒毛。耳片内有一至数层的层带，黑木耳层带间无髓层。

毛木耳的子实体较黑木耳略厚，宽 2～15 厘米，有明显的基部，无柄，稍皱，子实体腹面平滑或稀有皱纹，紫灰色，后变为黑色。背面有较长的绒毛，无色，仅基部为褐色，孢子黑色，光滑，圆筒形，弯曲。

毛木耳和黑木耳容易区别。毛木耳质地较硬，肯面的绒毛较长，色泽较浅。毛木耳的子实体横切面有一个明显的髓层，黑木耳没有。

二、生活史

木耳成熟时能产生大量的担孢子，担孢子在适宜条件下萌发，形成分生孢子或生成菌丝。分生孢子萌发也形成菌丝。最初生成多核菌丝，然后形成横隔，把菌丝分成单核菌丝（又称初生菌丝）。两个单核菌丝异宗结合形成双核菌丝（又称次生菌丝）。在此期间，菌丝不断生长发育，产生大量分枝向基质蔓延，吸收营养和水分，条件适宜时，形成子实体原基，然后发育成子实体。子实体成熟后，又产生大量的担孢子（见图 7-1）。

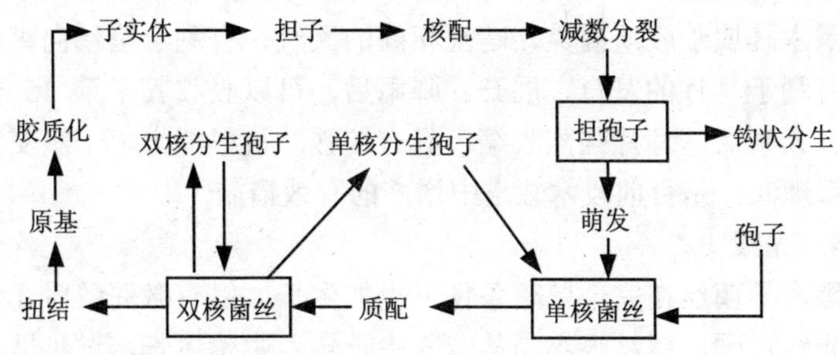

图 7-1　木耳生活史

三、木耳的生活条件

同其他食用菌一样，木耳在生长发育过程中，所需求的生活条件包括营养、温度、水分、空气、光线和酸碱度。

1. 营养

木耳是腐生菌，其营养以碳水化合物和含氮物质为主，碳源主要有木质素、纤维素、半纤维素、糖、淀粉等。氮源主要有氨基酸，蛋白质等。此外，还需要一些矿物质如钾、镁、钙、铁等和生长素类物质。

2. 温度

黑木耳属耐寒怕热的中温型菌类，对温度要求范围较广。菌丝生长范围为 10～35℃，最适宜温度为 22～28℃。低于 10℃生长缓慢，高于 30℃，生长快，易衰老。在 15～27℃条件下都能形成子实体，以 20～24℃最适宜。低于 15℃子实体不形成，高于 32℃，停止发育。担孢子在 22～32℃均能萌发。

3. 水分

黑木耳在不同的生长发育阶段需水量不同，菌丝生长发育时，要求段木含水量 35%～40%，代料栽培的培养料含水量为 55%～60%。空气相对湿度保持在 70%左右。子实体生长阶段空气相对湿度应在 90%左右，过干不宜形成子实体，过湿抑制菌丝生长，子实体腐烂，造成流耳。

黑木耳属于胶质菌类，晴雨相间的天气，有利于菌丝向纵深蔓延，有利于耳片的发育、展开。降雨后，可以吸收其干重 15 倍的水分。天晴后，耳片强烈收缩，具有较强的抗旱能力。干湿交替的水分管理法，是目前段木栽培中增产的有效措施。

4. 光线

黑木耳菌丝在完全黑暗条件下也能生长。以有微弱散射光为最好。光线过强，菌丝很容易从营养生长转入生殖生长，过早地形成原基，从而影响产量和质量。子实体形成阶段需要充足的散射光。在完全黑暗的条件下不长子实体。如果光照不足，子实体生长发育则不正常，光照度为 150 勒时子实体色泽趋淡，200～400 勒时为浅黄色，1 250 勒以上时，色泽趋深。

5. 空气

黑木耳是好气性真菌。氧气不足会抑制菌丝萌发、子实体形成或耳片难以展开。所以需清新空气环境。

6. 酸碱度（pH 值）

黑木耳喜欢偏酸环境，培养料 pH 值以 5.5～6.5 最适宜，pH 值在 3 以下，8 以上均不能生长。

第三节 木耳的段木栽培技术

段木栽培技术是我国传统的木耳生产技术。但由于其受木材和地域限制，在平原地区应用不多。下面简介其栽培方法。

1. 耳场选择与消毒 应选择背风向阳，地势高，空气流通，离水源近，排灌方便的地方，最好不要选往年栽培过木耳的地方。场地选好后做好清场工作，伐净过高的杂树及灌木，清除腐朽的树桩、枯枝落叶、乱石，并撒石灰、喷 2%敌敌畏杀虫剂，对场地进行消毒和杀虫。

2. 段木准备 能够栽培木耳的树种很多，只要是秋季落叶的阔叶树种，如栓皮栎、麻栎、桑树、枫树、悬铃木、榆树、桃树、刺槐等，均可做耳木。耳木直径在 4～10 厘米，树龄 7～10 年的较适宜。砍伐时间以落叶后至发芽前为佳。砍伐后为使耳木干燥均匀，并防止暴晒造成树皮脱落，需在砍伐后将木材锯成 1～1.2 米的木段，垛成“井”字形，垛在地势高，通风向阳的地方，堆高 1 米左右，四周盖上枝叶或草。一般堆晒 1 个月，段木两段截面出现细裂纹时，可接种。

3. 接种就是把培养好的优质菌种接到含有适度水分的耳木上，这是栽培的关键。木耳菌种要求：菌丝洁白粗壮，短密，平贴，不爬壁。瓶内菌丝生长均匀、旺盛、有光泽，具有透明的黄褐色胶质原基，菌龄 35～40 天。

（1）接种时间：要气温稳定在 15℃左右（一般惊蛰到谷雨均可）。接种要选择在雨后初晴，空气相对湿度大，气温较高时进行。

（2）接种方法：用打孔器在段木上打好接种穴，接种穴规格为直径 1.2 厘米，深度以打进木质部 1 厘米左右为适，穴距 8 厘米，行距 5 厘米，最好成“品”字形，穴穴错开。接种密度与段木粗细、硬度、气温高低有关。树粗而硬，气温低时可密些，反之，应稀些。接种穴打好后，用镊子夹取菌块，按入穴中，要按实，不留孔隙。随即盖上树皮盖，敲紧，密封。接种时要注意边打穴边接种，随加盖。不在阳光下、不在雨天接种。

4. 管理

（1）发菌期管理：接种后，把段木按树种、粗细、长短分开，垛成“井”字形，堆高 1 米左右，为防止雨淋和保温应加盖塑料薄膜。此期堆温要保持 22～28℃，空气相对湿度在 80%左右，保持清新空气。接种一周后，可翻堆一次，上下内外调整使段木发菌均匀，以后每 10 天翻堆一次，结合翻堆，剔除被杂菌感染的木段。如果发现过干，要适量喷水。

（2）耳芽期管理：菌丝生长一个月左右，即有耳芽生成，此时要迅速散堆排场，促使菌丝在耳木中迅速蔓延，并实现由营养生长向生殖生长转变。一般是在耳场用竹竿塔成棚架，盖上树枝或草帘遮挡阳光。在栽培场地横放一根小木杆，将耳木小头着地，大头放横杆上，离地 7～10 厘米，这样便于接受地面潮气，又不至于耳木贴地过湿，造成烂耳，一周左右翻动一次，两个月左右，耳芽大量形成。

（3）耳期管理：耳芽大量形成后，可架木出耳，把耳木架放成“人”字形。此期管理关键是水分，要求干干湿湿的环境，头两天，早晚浇足水以后，看天气和耳片展开情况适量浇水，原则是气温高多喷，反之少喷，晴天多喷，阴天少喷，雨天不喷；喷水早晚进行，中午不喷。以手摸耳片有湿润感觉为适度，一般空气相对湿度保持在 85%～90%，10～15 天，耳片可长大成熟。

5. 采收标准是木耳颜色转淡，耳根由大变小，耳肉直立。采耳时间最好在雨后初晴，或者在晴天早晨露水未干，木耳处于潮软时进行。采耳方法，用手指齐耳基部摘下，勿留耳根。段木栽培木耳，一般可连续采收三年，其中第二年产量最高。下茬耳的管理可采取干湿交替的办法，先停水 3～4 天，让耳木表面干燥，再喷水。详细参照第一茬管理。

第四节　木耳代料栽培技术

代料栽培和段木栽培相比，具有周期短质量好，产量高，适于规模化生产的特点，扩大了木耳的栽培区域，木材缺少地区亦可用木屑、棉籽壳、甘蔗渣、玉米芯等大量生产。

一、代料的种类及配比

栽培木耳可利用的代用料很多，现介绍几种常用配方：

① 棉籽壳 90%，麦麸 7%，蔗糖 1%，石膏粉 1%，石灰 1%；

② 木屑 78%，麦麸 20%，蔗糖 1%，石膏粉 1%；

③ 玉米芯 79%，麦麸 20%，石膏粉 1%；

④ 棉籽壳 44%，木屑 42.5%，麦麸 8%，蔗糖 1%，石膏粉 1%，过磷酸钙 2%，石灰 1%，尿素 0.5%；

⑤ 棉籽壳 49%，稻草 49%，石膏 1%，蔗糖 1%；

⑥ 杨树木屑 57%，玉米芯粉 20%，麦麸 20%，石灰、石膏、糖各 1%；

⑦ 稻草 100 千克，麦麸或米糠 35 千克，过磷酸钙 8 千克，尿素 0.3 千克，石膏粉 5 千克。

配制方法：按配方选好原料，先将原料暴晒消毒，去杂，按比例拌匀，加水至 60%含水量[一般料水比（1∶1.1）～（1∶1.4）]。有条件可采用磁化水，有增产效果。

二、塑料袋栽培

1. 装袋灭菌

将配制好的培养料，装入直径 17 厘米，高 32 厘米的专用塑料袋中，尽量装实，装料完毕，擦净袋口套上塑料环，袋口塞上棉塞。用牛皮纸包好，也可直接用绳子扎口。然后在 152 千帕，121℃下灭菌 2～3 小时，或在 100℃下灭菌 10 小时。冷却至 30℃时即可接种。

2. 接种培养

接种应在接种箱或超净工作台上进行，在无菌条件下，挑取枣大一块菌种，移接到培养料上（采用筒袋应两端接种）。接种完毕，塞上棉塞，移入培养室培养菌丝。培养期间，保持 22～25℃室温，空气相对湿度 60%～70%，每天开窗通气 20～30 分钟，保持微弱散射光，50 天左右发菌完毕可挂袋出耳。

3. 出耳管理

发菌后，把栽培袋悬挂在室内或室外进行管理，挂袋前将棉塞和塑料环去掉，袋口用绳扎好，用 1%高锰酸钾溶液进行表面消毒。药液晾干后，用小刀在菌袋上划开长宽各 2 厘米呈“V”字形的洞。每袋开 10～20 个。开洞后挂袋栽培管理。栽培室要求光线充足，通气良好，水泥或沙土地面。每天喷雾水 1～2 次，保持空气相对湿度 85%～95%，温度控制在 20～25℃，并加强通风透气和光照，促进子实体的形成。10 天左右耳芽大量形成。继续管理 10 天左右，耳片发育成熟，即可采收。第一茬木耳采后，停水 3～4 天，采取干湿交替的管理方法，促进第二批耳芽形成。出耳后管理照第一次进行。可采 2～3 次。有条件的可喷磁化水，以提高产量。

三、露天开放式栽培

该栽培技术减少了生产设备，简化了生产工序，降低了成本，从而提高了经济效益。适合于广大菇农进行大规模生产，现介绍如下：

1. 栽培季节

应在气温稳定在 10℃以上，28℃以下的季节进行。

2. 培养料准备

以上述第 6 种配方为例，先把稻草暴晒 2～3 天杀菌，再切成 2～3 厘米长的小段，在 1%的石灰水中浸泡 24 小时，捞出后用清水冲洗或用开水烫泡 24 小时，捞出堆积进行高温发酵，使堆温升至 55～60℃，一周后，把麦麸拌入草中，再把过磷酸钙等辅料加入拌匀，使含水量达 65%，pH 值 5～5.6。

3. 耳场选择与清理

选择地势干燥，排水良好。通风条件好的向阳地块。以树林和果园内为佳。选好后用 50%多菌灵 500 倍液和 0.2%敌敌畏喷洒消毒杀虫。

4. 上料播种

将用 1%的高锰酸钾液消毒过的薄膜平铺在清洁好的耳场地面。把培养料均匀平铺膜一侧，厚度 10 厘米左右，宽 70～80 厘米，将菌种撒在培养料表面，用种量为每平方米 3 瓶。然后用另一侧塑料膜盖好。

5. 管理

管理措施基本和挂袋栽培相同，关键是控制温湿度，耳基形成时，注意增加光照和通风换气，促进子实体生成。在播种后 1 个月左右温度控制在 22～28℃，低时加盖草被，晴天温度高时，增强通风。湿度过低时喷水，湿度过大揭膜降湿，保持空气相对湿度在80%。耳芽形成后，温度保持在18～26℃，空气相对湿度在85%～95%。黑木耳的露天栽培可以与果园内的果树套种（如黑木耳和葡萄高效组合），可达到双高产目的。

四、木耳覆土栽培

木耳覆土栽培，是近年来发展的一种新的栽培方法。比吊装出耳增产 30%左右，具有出耳集中，便于水肥管理，杂菌污染率低，产量高，操作方便等优点。主要技术措施为：将生理成熟的菌袋，移到室外荫棚内，脱袋后整齐地排放在畦床内，用堆闷过的肥土填实空隙，上覆 1～2 厘米厚的细土，灌透水后覆膜保温。做好温度、湿度和通气管理，待耳芽出土后，采用向空中喷雾的方法增湿。其他管理同袋栽，一般可采 3～4 茬。

袋栽木耳也可采用垒墙式两端出菇，可减少挂袋的麻烦。垒墙的方法可参照前述平菇墙式出菇法。

思考题

1. 简述木耳的形态特征。
2. 木耳的生长对环境条件的要求有哪些？
3. 简述木耳挂袋栽培技术措施。

第八章 银耳栽培

第一节 概述

银耳又称白木耳。分类学上属于真菌门，担子菌亚门、异隔担子菌纲，银耳目，银耳科，银耳属。野生银耳生长在山林中阔叶树的朽木上，是一种木腐菌。

银耳营养丰富，是一种珍贵的滋补品。目前，银耳罐头、银耳冲剂、银耳露、银耳蜜饯在市场上前景广阔。

银耳除了食用外，还有很高的药用价值。据《本草纲目》记载，银耳的药用之功有强精补肾、润肺、生津、止咳、润肠、养胃、补脑、提神，另据《中国药学大辞典》介绍，银耳味甘平无毒，功能润肺生津，滋阴养胃，益气和血，补脑强心。从现代医学角度看，银耳蛋白中含有 17 种氨基酸和酸性异多糖、有机磷、铁等化合物，能提高人体的免疫能力，起扶正固本作用，对老年慢性气管炎，肺源性心脏病有显著疗效，还能提高肝脏的解毒能力，起到护肝作用。

中国银耳在世界上享有很高的声誉，是我国出口特产之一。据史料记载我国栽培银耳始于 1911 年的四川，当时是砍花栽培。新中国成立前夕在杨新美教授精心研究下实现了孢子液菌种段木栽培法。20 世纪 50—60 年代，在广大食用菌科研工作者的努力下，获得了银耳菌丝体菌种，进入了真正的人工栽培阶段，结束了长期以来半人工栽培、半野生状态。最近几年银耳栽培技术又有了突破性进展，采用木屑棉籽壳塑料袋栽培，降低了生产成本，大大提高了银耳的产量和质量（每 100 千克棉籽壳可产银耳 4～7.5 千克）。

银耳主要分布在中国和日本，目前只有我国进行大面积栽培，产量与质量均居世界首位。我国四川的通江银耳和福建的漳州银耳最为著名。

第二节　银耳的生物学特性

一、银耳的形态特征

银耳由菌丝体和子实体两部分组成。

菌丝体是银耳的营养器官，是一种纤细的有分枝的丝状体，纯白色。可分泌黄色水珠，常和伴生菌——香灰菌生活在一起。

子实体是银耳的繁殖器官，分耳片和耳基两部分。耳片由许多薄而多的扁平瓣片组成，耳基米黄色。子实体新鲜时洁白柔软，半透明胶质有弹性。干时角质，硬而脆，能吸收大量的水分，干鲜比为 1∶8（代料栽培的）、1∶15（段木栽培的）。

二、银耳的生活史

银耳的生活史（见图 8-1）。

成熟的银耳担孢子有弹射力，在风雨中传播，遇适宜条件萌发成单核菌丝。通常银耳的担孢子很难直接萌发成菌丝，一般担孢子反复芽殖，产生酵母状的分生孢子，俗称芽孢，由此再萌发成单核菌丝。不同性别的单核菌丝经异宗结合便形成双核菌丝。在香灰菌丝的参与下，双核菌丝加快增殖，在适宜的环境下双核菌丝相互扭结，形成原基，经过胶质化形成幼小子实体。子实体发育成熟后，又产生担孢子。

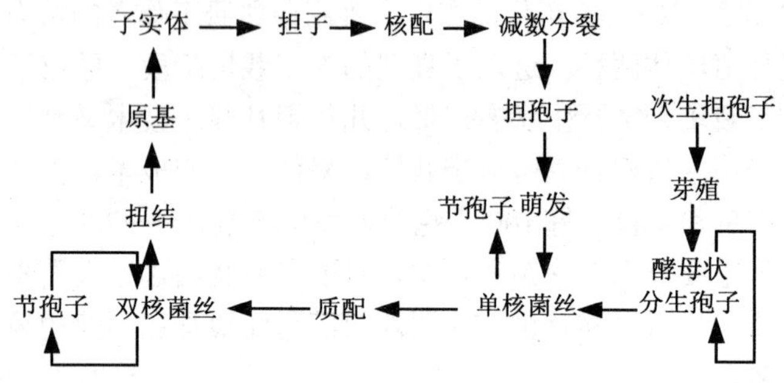

图 8-1 银耳的生活史

三、银耳的生活条件

1. 营养

银耳需要的营养物质有碳源、氮源、无机盐和生长辅助剂等。

银耳菌丝只能直接利用简单的碳源。如单糖（葡萄糖）、双糖（蔗糖）等低分子碳水化合物，对淀粉、纤维素等高分子化合物，必须借助香灰菌丝降解成可溶性的小分子物质后，才能被银耳菌丝所利用。

香灰菌丝是银耳的伴生菌，能把银耳菌丝无法直接利用的物质变成可以利用的营养成分，是银耳的“开路先锋”。所以，制备银耳菌种时要包含香灰菌丝。银耳对于香灰菌丝的需要有一定的选择性，在制种时要注意银耳菌丝和香灰菌丝的亲和性，注意二者比例和香灰菌是否退化等。没有香灰菌丝，银耳菌丝就无法正常生长，当然，只有香灰菌丝也无法长出银耳。

2. 温度

银耳为中温型菌类。它的孢子萌发和菌丝生长的温度范围为18～30℃，以23～25℃为最适宜。子实体形成时期对温度的要求在28℃以下，但以20～24℃最适宜。银耳子实体生长发育阶段最适温度范围为22～25℃。低于18℃时，子实体发育缓慢；高于28℃时，耳茎易腐烂，朵小，质量差。银耳子实体形成，不需要变温刺激。

3. 水分和湿度

培养料的含水量适当与否是银耳出耳好坏的重要因素。空气相对湿度是银耳子实体生长好坏的重要因素。代料栽培时培养基的含水量在 60%～65%为宜，不能低于 50%，菌丝生长阶段空气相对湿度以 80%～95%为宜。

4. 空气

银耳是一种好气性真菌。在生长发育的各个阶段都要求足够的氧气，尤其是子实体形成后，更为关键。缺氧情况下，菌丝生长缓慢，子实体原基不开片，色黄质差，严重影响银耳的产量和质量。

5. 光照

银耳喜光，在黑暗情况下，子实体不易形成。强烈直射光对菌丝生长和子实体生长发育都不利。在散射光下，子实体发育良好，色白，质优，所以可以在果园、树下套种银耳，达到双高产目的。

6. 酸碱度（pH 值）

银耳对酸碱度适应范围较广。适宜的 pH 值为 5～6，低于 3.8 或高于 7 时，银耳菌丝将无法定植生长。

第三节　银耳栽培技术

银耳栽培方式根据培养料可分为代料栽培和段木栽培。由于段木栽培约束条件多，而不能大面积推广，代料栽培对银耳生产的发展起到很大的促进作用，推广较普遍。下面主要介绍银耳代料栽培高产技术。

一、银耳代料栽培工艺流程

银耳代料栽培，通常采用塑料袋栽培，其大体步骤为：

栽培季节的确定→栽培前的准备→配料→装袋灭菌→接种→菌丝阶段管理→幼耳期管理→成耳管理→出耳。

二、栽培季节

根据银耳生长对温度的要求，一般选自然气温15℃以上，28℃以下的季节进行栽培。有调温调湿设备的一年四季均可栽培。根据河南省气候特点，栽培时间大致安排如下。

秋银耳：母种5—6月，原种6—7月，栽培种7—8月，栽培时间为当年9月至次年4月。

春银耳：母种12月，原种1—2月，栽培种2—3月，栽培时间3—4月。

三、银耳栽培前准备

银耳栽培前的主要工作是：银耳栽培室的整理和消毒，时间要安排在栽培前1～2周进行。首先将室内及房前屋后清扫干净，而后依次用500倍敌敌畏液治虫，用2%来苏水溶液喷洒墙壁及地面，用硫酸铜液刷洗床架，用硫磺或甲醛熏蒸。栽培前3天务必进行完。

四、培养料的配制

1. 原料选择

能作银耳培养基主料的原料很多，目前应用最广的是木屑和棉籽壳。棉籽壳是目前公认的原料之冠，它营养丰富，透气性好，抗杂菌力强，栽培银耳，产量高质量好。

2. 培养基配制

培养基配方很多。现选择常用的介绍如下：

（1）棉籽壳100千克，玉米芯60千克，稻草粉18千克，石膏粉4千克，糖3千克，硫酸镁1千克，黄豆粉3千克，清水180升。

（2）木屑75千克，麦麸20千克，石膏粉2千克，糖1～2千克，磷酸二氢钾0.2千克，黄豆粉1.5千克，硫酸镁0.3千克，清水90升。

（3）棉籽壳100千克，麦麸30千克，石膏粉5千克，尿素0.5

千克，石灰 1 千克，加清水 120 升。

（4）玉米芯 100 千克，麦麸 25 千克，黄豆粉 3 千克，硫酸镁 1.5 千克，加水适量。

（5）棉籽壳 60 千克，木屑 40 千克，麦麸 20 千克，石灰 0.4 千克，尿素 0.5 千克，石膏粉 4 千克，水适量。

（6）棉柴粉 70 千克，麦麸 25 千克，蔗糖 1 千克，黄豆粉 1.2 千克，石膏粉 2 千克，硫酸镁 0.5 千克，蛋白胨 0.3 千克，加水适量。

以上配方以棉籽壳配方产量最高，各地可根据当地原料情况选用。拌料时务必先把辅料用水调匀，再拌入其他原料。

五、装袋、灭菌

1. 装袋

是将配制好的培养料装入叠径 24 厘米，长 50 厘米的聚乙烯专用塑料袋中。装袋的关键在于及时、快速。尽量装实。两端用绳子扎牢。

2. 贴胶布

装袋后要检查是否漏气，如有漏气处用胶布粘贴。而后擦净表面打孔，要求每袋打 4～5 个接种穴。打后随即用银耳专用胶布封贴。打接种穴有两种方法：一是先打穴后灭菌，优点是灭菌时不“胀袋”，接种快，缺点是胶布易脱落；二是先灭菌后打穴，灭菌后边打穴边接种，边贴胶布。孔径 1.5 厘米，孔深 1.5 厘米，此法较优。

3. 灭菌

常压灭菌，温度上升到 100℃时，维持 8～10 小时。高压灭菌要求压力 152 千帕，温度 125℃维持 2 小时，争取做到：随装袋，随灭菌。

六、接种

1. 选择优质菌种银耳

优质菌种的特点：瓶内羽毛状菌丝分布均匀，爬壁力强，接种点局部基质较白，并具束状菌丝，料面有黑疤和绒毛状饱满的白毛团或菌蕾，并伴有露珠。

2. 接种

在无菌条件下，用接种铲把菌种瓶内的原基挖去，再将中部的菌丝充分拌匀，撕开接种穴胶布，挖取一小块菌种接入接种穴稍稍压实，重新贴上胶布即可或边打孔边接种边封口。

接种有三忌：第一，忌取种超深和拌种不匀；第二，忌酒精灯火焰远离菌种瓶或离瓶口太近；第三，忌热铲烧种。

七、管理

袋栽银耳的生长发育可分为三个阶段：即菌丝生长阶段；子实体形成阶段；子实体生长发育阶段。现将其各阶段的管理特点介绍如下。

（一）菌丝体生长阶段

该阶段大约 12 天，前 3 天为菌丝萌发期，第 4～12 天为菌丝生长期，该阶段应做好以下工作：

（1）保护接种穴，勿使胶布翘起或脱落。

（2）室内温度前三天控制在 27～28℃，使香灰菌丝迅速恢复、定植、蔓延。尽快封口。以后控制在 25～26℃。

（3）空气相对湿度控制在 70%左右。

（4）做好通风换气，每天开窗 2～3 次，每次 15 分钟。

（5）清除杂菌，及时补种。发现感染点，可用注射器注入 75%酒精，用胶布封口。若在接种穴发现杂菌污染，应挖去杂菌，重新打穴，重新灭菌接种。

（6）摊袋，接种后第 7 天，把所有栽培袋一个个摆开，降温的同时，也可结合进行复查杂菌感染。

（二）子实体形成阶段

该阶段指接种后第 13～18 天，如果条件适宜，幼耳即可出齐。

这一阶段的管理，关系到栽培的成败。

1. 敞开培养

第一步：揭角。就是把原来密封孔穴的胶布揭开一角，约 3 毫米左右的缝隙即可，这样可达到两个目的，一是通气供氧；二是保护幼蕾。揭角方法：捏紧一角朝对角轻轻平拉过去，然后随手空心贴上，揭角时间视菌丝发育情况而定；以接种穴的菌丝相连为准。菌丝相连以后，越早越好，早供氧，能使银耳菌丝长得更快，更壮，更早地布满培养基，为早出耳，多出耳打下基础。

第二步：揭胶布。在接种后 14 天左右。此时大量原基形成，需氧量逐渐增大，把原贴孔用胶布完全撕掉。

第三步：割眼扩孔。接种后 16 天左右，耳芽基本出齐，幼耳迅速长大。扩孔就是要给幼耳一个生长空间和良好的生长环境。把原接种孔穴向外扩大一圈，直径增加 1 厘米。

2. 温度

控制在 22～24℃之间，空气相对湿度以 80%～95%为宜，除在袋上覆湿报纸外（注意湿报纸应在揭角时，随揭随覆）。还可向空间、墙壁喷水，开窗通风每天 3～4 次，每次 15～30 分钟，并保持每天 10 小时以上散射光。

3. 及时排除黄水

结合撕胶布、扩孔等，用药棉轻轻吸取。吐黄水过多、湿度过大，容易造成烂耳现象，应引起重视。

（三）耳期管理

耳期可分为幼耳期（19～27 天）和成耳期（28 天）两个阶段。具体工作如下：

1. 温度

温度控制在 22～24℃，超过 28℃将造成萎缩，腐烂现象；不能低于 18℃，否则会造成烂耳。

2. 空气

相对湿度保持在 80%～95%，以 85%以上为好。覆盖的报纸要经常保持湿润。耳片展开后，可直接向耳片喷水。

3. 通风

在幼耳期慎重通风，成耳期初可每天开窗 4～5 次，每次 30 分钟。成耳期后，高温季节要日夜开窗。

4. 光照

成耳期对光要求量大，所以必须去掉门窗上的遮挡物，尽量增加室内光线。

总之，在管理过程中，应尽量创造适宜的环境条件，才会使银耳子实体发育得白如银花，清似美玉，光彩夺目。

八、采收

成熟标准：耳瓣晶莹洁白，耳片全部伸展，没有小耳蕾，如菊花，直径一般为 12 厘米，鲜重 100～200 克。

采收时间：成熟时即刻采收，采收晚了，质量低耳基黑，耳片薄，无光泽；采收早了，产量低。

采收方法：采前 3 天停水，用锋利水果刀从耳基部将子实体整朵割下，晒干或烤干。采时注意留下黄色耳根以利再生。

思考题

1. 简述银耳形态特征。
2. 银耳生长发育对温，湿，气，光都有什么要求？
3. 香灰菌丝对银耳生长有什么作用？
4. 简述银耳塑料袋栽培工艺流程。
5. 银耳采收标准及方法是什么？

第九章　草菇栽培

第一节　概述

草菇又名包脚菇、兰花菇、贡菇、麻菇等，因原产我国，故又称中国蘑菇。在分类上属于担子菌亚门，层菌纲，伞菌目，光柄菇科，草菇属。

草菇原系热带和亚热带高温多雨地区的腐生真菌，其鲜品肥嫩脆滑，鲜美爽口，干品浓郁芳香，被视为佐味佳肴，宴席珍品。目前在所有人工栽培菌类中，草菇栽培方法最简单，出菇最快，原料最丰富。市场行情看好，值得大力开发。

草菇还有一定的药用价值。古典医著记载："草菇性寒、味甘，有消暑去热、增益健康。"有"强身壮骨，发乳肥孩，护肝健胃，解毒之功效"。现代医学认为草菇中含有异构蛋白，经常食用可增强人体的免疫能力。草菇所含有的含氮浸出物和嘌呤碱，对癌细胞的生长有一定抑制作用。

据记载草菇栽培起源于我国广东省。湖南浏阳是另一发源地，"浏阳麻菇"为当地著名特产。后由华侨传至东南亚各国。

继双孢蘑菇、平菇、香菇、金针菇之后，草菇为第五种大面积栽培的菇类。其产量居第五位，约占世界食用菌总产的 5%。我国是草菇的主要生产国，产量占世界草菇总产量的 70%～80%。由于草菇栽培方法简单，培养料来源广，生产快，周期短，收益高，容易推广，是农村发展家庭副业的好门路。

第二节　草菇的生物学特性

一、草菇的形态特征

草菇的形态分子实体和菌丝体两部分，供人们食用的菇体称为子实体，是草菇的繁殖器官。菌丝体是其营养器官，子实体和菌丝体均由大量的菌丝组成。

（一）菌丝

菌丝培养初期为灰白色或银灰色，老化时呈浅褐色。菌丝粗壮、气生菌丝旺盛，爬壁力强，试管内菌丝显得蓬乱不整齐。菌丝生长速度快，在 33℃下 4～5 天即可长满试管，有的品种在试管内易出现红褐色的厚担孢子，以致培养后期，在培养基表面出现紫红色的斑点，在显微镜下观察，看不到锁状联合的现象。

（二）子实体

成熟的草菇子实体由菌盖、菌褶、菌柄和菌托四部分组成。

1. 菌盖

草菇菌盖直径为 5～20 厘米，外形钟状。中央颜色稍深，边缘色渐浅，菌盖表面具有暗灰色短毛，形成放射状条纹。

2. 菌褶

着生在菌盖下方，呈放射状排列，与菌柄离生，初为白色，渐变粉红色，成熟时为红褐色。草菇的担孢子产生于菌褶的两侧，初期为白色，成熟后为粉红色，光滑，椭圆形。孢子印粉红色。

3. 菌柄

菌柄呈圆形，中实，松软，上细下粗，白色，长 5～18 厘米，径粗 1～3 厘米。与菌盖、菌托相连，起着支撑菌盖，运输营养物质和水分的作用。

4. 菌托

菌托为子实体初期的外菌膜，破裂后残留于菌柄基部，形如杯状体。“包脚菇”的名字由此而来，菌托下有根状菌索，着生于培养料内。

二、草菇的生活史

草菇同其他食用菌一样，其生活史是从担孢子萌发开始的，经过菌丝阶段的生长发育，形成子实体，并由成熟子实体产生新一代担孢子而告结束（见图 9-1）。

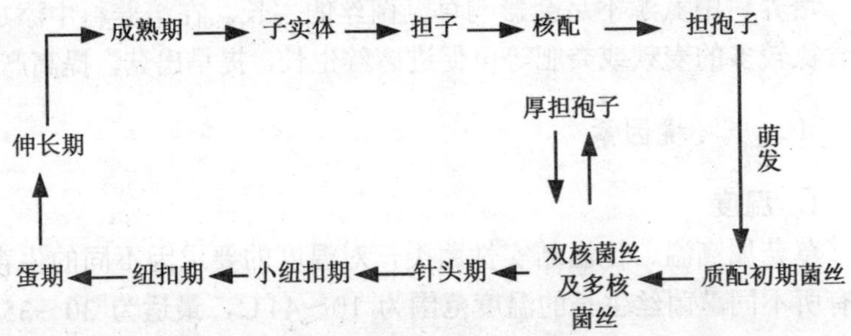

图 9-1　草菇的生活史

成熟的担孢子落到适宜的地方，萌发长出单核菌丝，单核菌丝相互连接（现在多认为是同宗结合）形成双核菌丝。双核菌丝相互扭结，形成一个针头大小的子实体雏形，称为针头期。随后进入小蕾期（小纽扣期）、蕾期（纽扣期）、蛋形期、伸长期和成熟期。

草菇的菌丝体生长到一定的时期，个别细胞膨大，细胞壁加厚，形成球形的厚坦孢子。厚担孢子对干旱、寒冷有较强的抵抗力。通常呈红褐色，圆形。条件适宜时，又可萌发形成菌丝。红褐色厚担孢子的有无，可以作为草菇和其他食用菌类的区别特征。

三、草菇的生活条件

草菇生长发育所需的条件分为营养条件和环境条件。了解和掌握这些条件，才能在栽培上获得高产。

（一）营养条件

草菇是一种草腐生真菌。其生长发育所需要的营养物质可分为碳源、氮源、无机盐类和维生素等。

碳源主要来自富含纤维素的稻草、秸秆、甘蔗渣、棉籽壳、废棉等。草菇菌丝生长过程中产生各种酶，将纤维素、木质素分解成单糖，然后吸收利用。因此，大多含纤维素的材料，均可作为草菇的培养料。草菇体内缺乏分解半纤维素的酶类，故其产量不高。

培养料中氮源不足会影响草菇菌丝的生长。在培养料中添加一些含氮较多的麦麸或粪肥等可促进菌丝生长，提早出菇，提高产量。

（二）环境因素

1. 温度

草菇属高温、恒温结实性菌类，对温度的要求因不同的生育期而有所不同。菌丝生长的温度范围为 10～44℃，最适为 30～35℃。低于 15℃菌丝生长缓慢，10℃以下停止生长。低于 5℃或超过 45℃，则引起菌丝死亡。所以草菇的菌种不能放在冰箱中保存，而应存在 15～20℃的环境中。

草菇子实体发育的温度范围是 22～34℃，最适温度为 30～32℃。低于 22℃或高于 35℃都难以形成子实体原基。在适温范围内，温度偏高，子实体发育较快，朵小，易开伞，反之，发育较慢，朵大而不易开伞。

2. 湿度

培养料中的含水量直接影响草菇的生长发育。水分不足时易造成菌丝或菌蕾干枯死亡。水分过多，培养料通气不良，抑制呼吸，会使菌丝或菌蕾大量死亡，并导致病虫害滋生与蔓延。菌丝阶段培养料含水量60%～65%，子实体阶段70%左右为宜。

草菇栽培正处高温季节，水分蒸腾量较大，因此必须提高栽培区域小气候的相对湿度，以缓蒸腾速率，保持基质的含水量。在菌丝生长阶段，空气相对湿度应为80%～85%，子实体阶段应为85%～90%。

3. 空气

草菇属好气性菌类，呼吸量为蘑菇的6倍。充足的氧气是草菇正常生长发育的重要条件。二氮化碳浓度过高，菌丝和子实体生长均受抑制。所以要注意通风换气，保持空气新鲜，但应控制通气量，以免使小区内温、湿度变化过大，不利于草菇发育。

4. 光照

菌丝体生长期不需要光线，子实体形成和生长需要一定光线。光线不足影响出菇，菇体发白，组织松软；光线充足，菇体色深，且光亮。但强烈的直射光对子实体生长有抑制作用，易灼伤幼菇。故露天栽培应覆盖草苫，搭荫棚，避免阳光直射，还有利于提高栽培小区内的空气相对湿度。

5. 酸碱度（pH值）

草菇喜欢偏碱性环境，菌丝生长的最适pH值为8～9。子实体发生的最适pH值为7.5～8。为了满足草菇对pH值的要求，可在配制培养料时，加入一定量的石灰或用石灰水浸泡原料，以调整pH值，这样既利于草菇生长，又能促进对培养料表面的蜡层和部分纤维素的降解，以便菌丝利用，还能有效地防治杂菌。

第三节 草菇栽培技术

目前，除传统的稻草室外栽培以外，还有麦秸室外栽培、棉籽壳、废棉或稻草室内床式栽培、日光温室栽培（塑料大棚栽培）、阳畦栽培，袋式栽培以及和农作物间作套种等。可结合当地的气候特点，采用相应的栽培方式及技术措施。

一、选择栽培时期

草菇性喜高温，且属恒温结实型菌类，对温度变化反应敏感，昼夜间忽高忽低的温差，很不利于草菇的生长发育。栽培草菇应选在气温基本稳定，日最低温度在 23℃以上的季节。河南省大致在 5 月下旬至 9 月上、中旬都可在室内外种植。若有条件控制温度，将不受季节的限制一年四季都可以进行栽培。

二、培养料的选择与处理

草菇栽培料主要有棉籽壳，废棉，麦秸和稻草等。栽培过平菇、金针菇、银耳的棉籽壳废料亦可用来种草菇，产量可与麦秸稻草相当。

1. 棉籽壳

选择新鲜的棉籽壳，栽培前先暴晒 2～3 天。拌料时，每 100 千克棉籽壳加入石灰粉 5 千克，用 180 升清水拌匀后，堆闷一夜，然后进行堆积发酵。在阳光充足的地方，地面平铺 10 厘米厚麦秸，把堆闷一夜的棉籽壳堆积在麦秸上。料少时，堆成 1 米高的圆堆；料多时呈高 1 米，宽 1 米的长形堆，用木棒通气眼至料底，进行好气性发酵。料堆覆盖双层薄膜，四周压严，防止苍蝇钻入产卵生蛆（必要时可加入 2 000 倍的氧化乐果液）。在料堆中心温度上升到 60℃时维持 24 小时后进行翻堆，使上下、里外发酵均匀，共翻堆 2～3 次。当培养料颜色呈红褐色，长有白色菌丝，有发酵香味，无霉变及臭味，发酵即可结束。

2. 废棉

废棉保温、保湿性较好，但通气性较差。使用前，先将其在 pH 值 10～12 的石灰水中浸泡一夜，然后涝出沥水后发酵（方法同棉籽壳）。使用时，先将成块的废棉撕松，拌入少量稻草粉、麦糠或碎麦秸，改善养料的透气性。

3. 麦秸

要选用当年收割，未经雨淋，未发热变质的麦秸。麦秸的表皮细胞组织中含有大量的硅酸盐，质地比较坚硬，且蜡质多，吸水性差，不易软化。使用前需经过破碎，浸泡碱化或发酵处理，清除和破坏麦秸表皮组织中的部分蜡质和硅酸盐，使纤维素软化和降解，有利于草菇菌丝生长。将碾碎的麦秸，先用 2%石灰水浸泡一昼夜，然后捞出堆积发酵。堆成高 1.5 米，宽 1.5 米，长度不限的草堆。建堆时要一层草、撒一层粪肥，如此堆 4～5 层。堆好后覆膜保温、保湿。当堆中心温度达 60℃时，保持 24 小时，然后翻堆。如此翻堆 1～2 次，发酵时间 3～5 天。应控制好发酵时间和温度，防止发酵过度，造成腐生菌大量繁殖，消耗营养。发酵好的麦秸应是质地柔软，表面脱蜡，手握有弹性感，金黄色，有麦秸香味，无异味，有少量的白色菌丝，含水量 70%左右，偏碱性（pH 值 10 左右）。

4．稻草

要选用隔年稻草，无霉变，呈金黄色。使用前将稻草暴晒 1～2 天放入 1%～2%石灰水中浸泡半天，用脚踏踏，使其柔软，紧实并充分吸水后，捞出即可用于栽培。

5．食用菌栽培废料

平菇废料：取无杂菌污染的废料块，将其压碎，加入 3%～5%的石灰和少量（5%～10%）棉籽壳，用水拌匀，堆闷半天后堆积发酵 3 天。银耳废料：将废料块压碎，每百千克废料加入 4 千克石灰，用水拌匀堆垛发酵 3～5 天。金针菇废料：将废料块压碎，晒干后存放。使用前加 5%～10%麦秸，1%磷肥和 3%石灰，加水拌匀后发酵 3～5 天，当料面见有白色放线菌菌丝，有香味，即可用于栽培。

6．辅料

为弥补培养料中氮素营养不足，用麦秸、稻草栽培草菇时，一般应添加些含氮量较高的辅料。常用的辅料有麦麸或米糠（5%～10%）、牛粪禽粪或人粪尿（20%～30%）、氮磷钾复合肥（0.2%～0.3%），尤以麦麸为好。畜禽粪要先充分暴晒干再粉碎发酵腐熟。要备足石灰，用做消毒和调节 pH 值。

三、选用良种和使用优质菌种

选用良种和使用优质菌种，是草菇高产栽培的关键技术之一。不同的品种产量和适应性都有明显的差异，还应根据栽培的目的进行选择。干制要选用包被厚的大、中粒菇；制罐加工，要选用包被厚的中，小粒菇；剥皮草菇要选用包被薄的品种。

草菇菌丝生长迅速，容易衰老和自溶，栽培时要使用优质菌种。选菌丝呈透明的，灰白色和淡黄色，均匀布满全瓶（袋），没有或少有红褐色厚担孢子，无杂菌和虫害的菌种。草菇栽培种菌龄要短，掌握在长满瓶后 1 周使用为好。要求母种转接的次数越少越好。

四、栽培设施

北方夏季气候干燥，昼夜温差大，且气温不稳定，室外栽培草菇，受自然气候影响，温度与湿度不易人工控制，很难达到理想产量。要获得草菇高产，必须有保护性栽培设施。塑料大棚和小棚较为实用，建造容易，费用小，能达到保温，保湿和调节通风、光照的要求，给草菇生长发育创造较适宜的小气候环境。

选择通风向阳，供水方便，排水容易的地方，土质疏松，富含有机质，肥力较好的壤土。在这样的地方建棚，棚上盖草帘遮荫。畦床做成宽 0.8～1 米，长 3～5 米，深 5～10 厘米，四周挖宽 10 厘米的小沟，作灌水用。

五、栽培方式

大面积栽培，比较理想的栽培方式有下列几种：

1. 顺着畦床纵向将培养料做宽 25 厘米，高 20 厘米的上窄下宽的梯形菌床，菌种撒播两层，表层撒满料面，用薄膜覆盖。窄形床，有利于调节料温，防止高温伤菌，改善床面通风透光状况，有利于草菇子实体的形成和生长。

2. 将培养料在畦床床面铺成纵波浪形料垄，料垄厚 15～20 厘米（气温高可薄些），垄沟料厚 5～10 厘米，表面撒上菌种封顶，用木板轻轻按压，使菌种与料紧密接触。波浪形料垄栽培，可充分发挥表层菌种优势，充分利用草菇床边出菇的习性，出菇整齐、集中，提高出菇率。菌种用量，一般为干料的 5%左右，有条件时适当增加接种量，有助于增产。

3. 稻草栽培草菇以小草把为好。优点是：简便，堆草紧实整齐、产量高。方法是：取一把用石灰水浸泡的稻草（约 0.5 千克干稻草），扭成“8”字形，拦腰扎紧，捆成小草把。堆草时，将草把弯头朝外，一把把排紧在畦床上，中间填入浸湿的乱稻草，用脚踏实，使堆心稍高。排好第一层后，在离外沿 10～12 厘米处，撒上一圈麦麸（或畜禽粪）然后在麦麸上撒一圈菌种，如此堆三层草，每层内缩约 5 厘米。第三层要在整个表面撒布菌种和麦麸。最后再盖一层草把。然后盖上塑料薄膜或草被。

4. 草菇菌丝生长速度快，极易老化，生活力减弱。采用二次接种，能充分利用培养料养分，有利于增产。在棉籽壳，废棉栽培采收一潮菇后，撬松料面，用石灰水泼浇湿透，调整 pH 值 8～9，在表面撒一层和第一次接种相同的菌种，菌种上面盖一薄层发酵过的棉籽壳。以后按常规管理。亦可在采收一、二茬后，将料块翻过来，即把底层培养料翻到表层用 1%石灰水喷洒，补水，调整酸碱度，再在表面接种，播种量 2%～3%，一般可增产 30%左右。

稻草栽培，可在播种 3～4 天时，在草层空隙内再塞入菌种，进行二次播种，菌种量为第一次用量的 20%。这样，第一次播种采完第一茬后，第二次播入的菌种，又从草中分解，积累养分，继续出菇。

六、菌丝发育阶段的管理

接种后要立即覆盖薄膜，保温保湿。播种后 2～4 天，温度会不断升高，应使料中心温度稳定在 35～40℃，料温超过 40℃，会影响菌丝生长，应即时将盖在料上的薄膜揭开，通风散热，降低料温。温度低于 25℃应采取增温措施，在料面上盖草被或覆盖双层薄膜。白天揭开草帘，利用太阳热能提高棚温，发菌期间，应使棚温稳定在 25℃以上。在此期间，薄膜一般不要轻易揭开，必要时可向畦床四周灌水降温或增湿，注意一定不能浸湿料块，菌丝生长阶段，尽量不向料面喷水，以免影响菌丝生长。

播种 4 天以后，菌丝布满料面，每天要揭膜通风 2～3 次，以促进子实体形成。应注意通风与保温的矛盾，一般喷水后通风。播种 7～10 天，就会在料面上及四周形成大量子实体原基。

七、子实体发育阶段的管理

当床面上形成大量原基后，温度应控制在 28～35℃之间，过高或过低都易引起幼菇枯萎死亡。空气相对湿度以 90%左右为宜，喷水应注意以增加空气相对湿度为目的，不宜直接向床面喷水，特别是幼菇期，严禁向菇蕾喷水。喷水后要进行通风。喷水的温度要与气温相接近，与料温不能相差 4℃以上，以防水温过低，引起幼菇死亡。

八、及时采收

草菇子实体发育，一般经过针头期、小纽扣期、纽扣期、蛋形期、伸长期和成熟期（开伞期）六个阶段，采收应掌握在蛋形期。应采大留小，由于草菇生长很快，一天中应多次采收。采后及时出售或加工。

九、补施追肥和调整酸碱度

草菇生长过程中，要消耗大量养分，产生多量的有机酸，使培养料变酸因此影响草菇菌丝正常生长和继续出菇。补施营养液和调整 pH 值，是增产的一个重要环节。（1）可向床面喷洒 3%石灰水上清液。（2）喷洒 0.1%尿素和麦麸水。麦麸水按 100 升水加 5 千克麦麸，煮后过滤，喷施。（3）可喷洒 1%蔗糖或加 0.3%的尿素再加 0.3%钙镁磷肥。也可喷 1%蔗糖，再加 0.3%氮磷钾复合肥液。

十、玉米地套种草菇

玉米地套种草菇，可以起到加快秸秆还田，既增收草菇，又增产了玉米的作用。具体如下：

玉米要种成宽窄行，可按 0.3∶1 的形式，在草菇的适栽期（河南 7—8 月）在宽行挖深 15 厘米、宽 70 厘米，底面呈龟背形的畦床。挖好畦后浇足水，水干后，均匀撒一层石灰，然后将发酵好的培养料铺于床面。铺上一层料踏实后撒上一层菌种，再铺一层料，边缘踏实，中间稍压实，再撒一层菌种即可。料厚 15～20 厘米，用种量为干料重的 5%～8%，最后盖上薄膜，管理同常规。

第四节 草菇栽培中易出现的问题

在草菇栽培中有时会遇到菌丝生长缓慢、生长停止、菌丝萎缩、子实体生长畸形或萎缩死亡等现象，原因有以下几个方面。

一、菌丝生长缓慢和停止生长萎缩的原因

1. 菌种老化，生活力降低。

2. 培养料堆积过松菌丝生长稀疏，堆积过实通气不良影响菌丝生长。

3. 温度过低或过高。温度过低菌丝生长缓慢，温度过高，长时间 45℃以上，易烧菌，使菌丝萎缩。

4. 喷水不当。播种后喷水菌丝自溶，料面喷洒农药如多菌灵等易造成菌丝萎缩死亡。

5. 培养料水分过高，含水量达 75%以上，或湿度不足不能满足生长需要。

6. 塑料薄膜覆盖过紧，通气不良，造成缺氧或二氧化碳浓度过高。

7. 培养料内氨气未彻底排除，影响菌丝生长。

8. 病虫害影响。杂菌感染或害虫为害，使菌丝萎缩死亡。

9. 菌丝徒长，料面形成大量绒毛状菌丝营养过度消耗。

二、子实体生长畸形或萎缩死亡原因

1. 料温低于 30℃或气温骤低、忽高忽低温差过大，均易使子实体停止生长或萎缩，或形成烂菇、僵菇。

2. 通气不良，氨气、二氧化碳积累过多，菇蕾易萎缩。通气不良还易生长成脐状菇。

3. 湿度过高或过低。幼菇生长时培养料偏干，空气相对湿度小，易使菇蕾萎缩。通风量过大也易使幼菇萎缩。空气相对湿度超过 95%菇体生长受抑制。

4. 在幼菇上，向培养料内浇凉水，也可使幼菇萎缩。

5. 播种过深，菌种过少，菌丝生长稀，幼菇难以长大，甚至死亡。

6. 培养料 pH 值偏低（酸）。

7. 菌种老化，活力弱。

8. 营养不足幼菇易萎缩，采收时损伤菌丝或动摇幼菇、害虫蛀食菌丝或幼菇，均易造成萎缩死亡。

生产上可根据以上分析，找出具体原因，具体对待。在管理上要精细，以防为主。

思考题

1. 草菇在栽培上有何显著特点？

2. 配料时如何进行高温发酵？

3. 栽培草菇时，如何根据其生物学特性进行管理？

4. 商品草菇采收期如何确定？怎样采收？

第十章 猴头菌栽培

猴头，亦称猴头菌、刺猬菌、茶花菌。属于真菌门，担子菌亚门，非褶菌目，猴头菌科，猴头属。

猴头菌是一种珍贵的食用和药用菌。前人就把它与狸唇、驼峰、熊掌、燕窝、鹿筋、凫脯和黄唇胶并列为上八珍，并有“山珍猴头，海味燕窝”之称。近年来又发现猴头菌有许多药用效果，是治疗胃溃疡和十二指肠溃疡的良药，对消化道恶性肿瘤也有一定疗效。过去栽培猴头菌都是用段木或木屑，现在多采用棉籽壳或其他农产品的秸秆。

第一节 猴头菌的生物学特性

一、猴头菌的形态

猴头菌的形态包括白色的菌丝和子实体两部分。子实体圆而厚，肉质，白色块状；直径 5～10 厘米，基部狭窄，上部膨大，表面布满针状凸起肉刺，孢子生在它的里面。肉刺下垂；新鲜时白色，老熟时变黄，菌肉变白色。子实体外观像猴子的头，故称猴头菌。

二、猴头菌的生活条件

1. 营养

猴头菌对木质素，纤维素和半纤维素等复杂的有机物分解能力较强。所以在进行段木或木屑栽培时，养料能满足猴头菌生长发育的需要。在人工代料栽培时。猴头菌能利用葡萄糖，蔗糖，淀粉，纤维素，木质素等为氮源，在培养料中添加适量的铵盐、尿素、黄豆粉等，可满足猴头菌对营养物质的要求。

2. 温度

猴头菌属中低温型食用菌，菌丝体生长的温度范围为 6～33℃，以 21～25℃为最适宜，温度过高菌丝生长细而稀，35℃停止生长，温度低，菌丝生长缓慢，但粗而浓，生命力强。猴头菌子实体形成的温度范围是 12～24℃，以 15～22℃为最适。而子实体生长发育最适温度是 18～20℃。超过 25℃时生长缓慢，甚至受抑制，而低于 14℃子实体又易发红，低于 12℃，子实体往往是橘红色。随着温度的下降而颜色加深。6℃以下时，子实体完全停止生长。温度高低对子实体的形态也有一定的影响。温度高，子实体的刺长，球块小，松软，易形成分枝；适温偏低，刺短，球块大，坚实。

3. 水分和湿度

生长发育期间所需要的水分主要来自于培养料，菌丝生长阶段培养料的含水量以 60%为好，子实体形成阶段。含水量以 70%为好。湿度对猴头菌发育影响很大，湿度大，球心小，肉刺长，孢子多，味苦；湿度小，生长慢，但肉刺短，球心大，质量好。所以在菌丝生长期间，空气的相对湿度不能超过 70%，而菌蕾形成和子实体生长时以 85%～90%最为理想。低于 70%，子实体很快干缩，颜色变黄。

4. 空气

猴头菌是一种好气性真菌，子实体与菌丝体对空气的要求有所不同。子实体生长阶段需要新鲜空气。二氧化碳浓度过高（超过 0.1%），子实体不易分化或刺激菌柄产生分枝，而菌丝生长阶段对空气要求不严格，所以在后期应加强通风管理。

5. 光照

猴头菌子实体在生长发育阶段需要一定的散射光，特别是子实体具有见光分化的特性，而菌丝在黑暗条件下也能正常生长。

6. 酸碱度（pH 值）

猴头菌喜偏酸性环境，要求 pH 值 2.4～5.4，最适 pH 值为 4，当 pH 值大于 7.5 时，菌丝体难以生长，在配制培养基时，pH 值以 5～6 为好。因为在培养料灭菌、菌丝体生长发育后，都会使培养料 pH 值下降变酸。

第二节　猴头菌的代料栽培

工代料栽培猴头菌的方法很多，如瓶栽、塑料袋栽培、压块栽培等。栽培猴头菌仍然利用自然温度，在河南省可进行春栽和秋栽，春栽以 3 月为宜，秋栽以 9 月为宜。

一、瓶栽法

栽法实际上就是利用栽培种出菇的一种方法，具体工艺过程为：配料→装瓶→打孔→封口→灭菌→接种→培养→出菇→采收。

（一）原料的准备

1. 规格

选罐头瓶或 750 毫升的菌种瓶或其他较大的广口瓶作为栽培猴头菌的容器，但以前者为好。

2. 培养料的种类

栽培猴头菌常用的培养料有阔叶树锯末、棉籽壳、麦麸、玉米芯、稻草粉、甘蔗渣、米糠和豆秸等，可根据当地情况选择使用。

（二）培养基的配制

1. 培养基配方

（1）棉籽壳 80%，麦麸 15%，尿素 1%，石膏 2%。过磷酸钙

2%。

（2）锯末 78%，麦麸或米糠 20%，蔗糖 1%，石膏粉 1%。

（3）棉籽壳 86%，麦麸 10%，石膏 2%，过磷酸钙 2%。

（4）棉籽壳 98%，蔗糖 1%，石膏粉 1%。

（5）棉籽壳 38%，锯末 50%，麦麸 10%，蔗糖 1%，石膏 1%。

（6）玉米芯粉 78%，麦麸 20%，蔗糖 1%，石膏粉 1%。

（7）豆秸粉 75%，麦麸 20%，花生饼或豆饼 2%，蔗糖 1%，石膏粉 1%，过磷酸钙 1%。

2. 培养基的调制

根据当地资源，选好一培养基配方后，分别称好各种配料，将料拌匀，把糖和化学药物溶于水中，再慢慢向料中加水，边加边搅拌，水加至用手紧握料时，手指间有水渗出但不下滴为宜，料水比为（1∶1.1）～（1∶1.3）。最后可用石灰水或 20%过磷酸钙溶液，调节 pH 值 5～6。

（三）装瓶、灭菌、接种

将拌匀的料及时装入瓶内，适当用手按紧，使料上下松紧一致，注意不要过实或过松。料装至瓶肩再将料面压平，并在中央打一直径 1～2 厘米的小孔，以利接种，随机用清水将瓶口内外及瓶身擦干净，用棉塞或双层牛皮纸或厚聚丙烯塑料薄膜封口，进行灭菌（可参照原种灭菌要求）。灭菌后待料温降至 30℃时，在无菌条件下接种，然后送入培养室培养。

（四）管理

菌丝生长阶段要求室内温度控制在 21～25℃，空气相对湿度为 60%～70%，避光培养。因猴头菌有见光分化子实体的特性。即使菌丝还未长满培养料，见光后也会形成子实体，影响产量和质量。约经 30 天菌丝就长满瓶，菌丝长满后可将室内温度降至 15～22℃，空气相对湿度控制在 85%～90%，适当通风和增加光照，经 7～10 天，料面上出现黄豆大小菌蕾时，进入子实体发育阶段的管理。拔下棉塞，或去掉封口，将瓶子横放在架子上，架层上瓶口反方向放置，这时要特别注意空气相对湿度的管理，应控制在 85%～90%，温度控制在 16～20℃，低于 14℃或高于 26℃，子实体均会发红。加强通风换气。防止二氧化碳浓度过高，二氧化碳的浓度超过 0.1%时，会刺激菌柄不断分枝，抑制中心部分发育。形成珊瑚状的“花菇”。可结合气温的高低，如果气温高可在早晚通风，温度低可在中午前后通风。通风量应随子实体发育逐渐增大。待子实体长到 2 厘米左右时，为使子实体球心大，菌刺短，可将相对湿度降为 80%～85%。喷水时要做到细、少、勤，以提高空气相对湿度为目的。防止瓶内积水引起杂菌感染和菇体溃烂，约经 15 天子实体即可采收。

（五）采收

当猴头菌有九成熟，将要开始散孢子时，就要及时采收。留柄采收时用小刀从瓶口内切下子实体，瓶内留菇柄 1～2 厘米为宜。过短会影响再生能力。过长会引起杂菌滋生。不留柄采收时，直接将菇体带柄拧下，用铁钩钩去培养基表面的一层老菌丝，虽第二潮菇比留柄采收迟 2～3 天，但菇质较优。

无论采用哪一种方法，采下的鲜菇均应置于垫有湿纱布的筐内，随机销售或烘干，晒干。

采收后可停水 1～2 天再进行保温保湿，通风培养，并把培养基表面耙一耙，在新鲜空气的条件下，使料内菌丝能得到充分生长。以促进第二批子实体形成。经 10～15 天又会长出新的子实体。一般能收两茬，前茬的产量和质量均比后茬高。

二、塑料袋栽培法

1. 塑料袋规格

熟料（即经高温灭菌）栽培应用聚丙烯塑料袋长 24 厘米，宽 12 厘米，膜厚 0.05～0.06 毫米。也可选用长 30 厘米，宽 15 厘米，膜厚 0.03～0.06 毫米的低压聚乙烯或聚丙烯塑料袋，两端开口。

2. 培养基配方和制作

同瓶栽猴头菌。

3. 装料、灭菌、接种

将拌好的料及时装入袋内，如采用一端开口的袋子，装料时要先装满两个底角，然后边装边压紧，在距袋口 8～10 厘米时将料压平，袋口用塑料颈圈（长 3 厘米，直径 3 厘米）套上，塞上棉塞或用聚丙烯塑料薄膜封口，如无颈圈，也可直接用绳子扎口（如用两端开口的袋子，分别用绳子扎口，两端接种）。灭菌与接种同瓶栽，只是应注意轻拿轻放，不要损伤袋子。

4. 培养管理

接种后的栽培袋在保温室避光培养，室温控制在 21～25℃，空气相对湿度 60%～70%，25～30 天菌丝可长满培养料。就可进入出菇阶段的管理。

5. 几种出菇形式

（1）床架上出菇。将发好的菌袋移入栽培室平放在架子上，去掉封口或将两端绳子解开。再把温度降至 20～22℃，相对湿度保持在 80%～90%，加强通风，增加光照，促进子实体分化。很快就会在袋口出现白色原基。

此时，栽培室内温度保持 18～20℃，空气相对湿度在 90%～95%为宜。刚出现菌蕾时，不要直接向菌蕾上洒水，只是向地面和墙壁上喷水。待菌蕾分化长大后，每天喷几次水，但每次不宜喷水过多，同时注意通风和透光，在适宜条件下，从出现菌蕾到子实体成熟，约需 15 天。适时采收。

（2）吊袋出菇。菌袋发好后像木耳吊袋一样，每袋用刀片划 4 个“×”形口，管理参照上述。

（3）畦内埋袋出菇。将生理成熟的菌袋，移入塑料棚内，脱去薄膜，摆放在畦床上，用土填满空隙，上覆 1 厘米厚的土层，然后灌水。以后管理参照上述。此法便于菌丝利用土壤水肥条件，营养充分，产量较高。但要防止砂粒溅到子实体上。

（4）菌墙出菇可参照上述平菇墙式出菇方式进行。

思考题

1. 猴头菌在形态上与伞菌、木耳类有何区别？
2. 如何进行猴头菌瓶栽生产？
3. 猴头菌子实体发生后，要抓好哪些主要技术措施？
4. 为什么会产生畸形猴头菌？应如何预防？
5. 如何进行猴头菌采收？

第十一章 灵芝栽培

第一节 概述

灵芝又叫灵芝草，在真菌分类中属担子菌亚门，多孔菌目，多孔菌科，灵芝属。灵芝属有 100 多种，中国分布有 60 余种。其中红灵芝为主要的药用真菌。

灵芝是祖国医药学宝库中的一味珍贵药物。古代被称为“神草”、“仙草”。其主要成分为高分子多糖、有机锗、三萜类以及甘露醇、麦角固醇、甾醇类等。历代医学书籍中记载其具有益心气、益肺气、安神补肝、坚筋骨、利关节、治耳聋等多种功用。“赤芝，味苦平，主胸中结，益气，通九窍”；“青芝，味酸平，主明目，补肝气，安精魂”。近代医学研究认为，灵芝是滋补强身、扶正固本的珍贵药物，尤其在预防衰老和老年性疾病中占有重要地位。灵芝对慢性支气管炎、冠心病、高山症、慢性肝炎、神经衰弱、心悸头晕等症均有不同程度的疗效，还兼有养生美容、延年益寿的功效。红灵芝中有机锗的含量是人参的 3～6 倍。锗能促进血液循环，促进新陈代谢，延衰老。锗还能强化人体的免疫系统，提高人体对疾病的抵抗能力。灵芝孢子粉具有很好的止血收敛作用。近年来，国内外以红芝为原料制成了多种药用剂、保健饮品及美容化妆品。

灵芝原为野生，随着科学技术的发展，已由段木栽培发展到普遍采用木屑、棉籽壳等原料进行人工代料栽培。

第二节　灵芝的生物学特性

一、灵芝的形态特征

灵芝由菌丝体和子实体两大部分构成。菌丝体白色，匍匐生长，略有爬壁现象。培养后期菌落表面逐渐形成韧性石膏状菌膜，分泌色素。菌丝稍老化时，接种块附近淡黄褐色。

灵芝子实体由菌柄和菌盖组成。菌盖木栓质，肾形或半圆形，侧生在菌柄上。表面有环状棱纹和辐射状皱纹。幼嫩时肉质淡黄色，成熟后为木栓质，红褐色，表皮具有一层漆样光泽。孢子从下面的子实层内产生。孢子印呈褐色或棕红色。菌柄呈不规则的圆柱形，菌柄的粗细长短随环境条件而变化，营养充分，通气良好，菌柄粗短；反之细长。

二、灵芝的生活史

灵芝从担孢子萌发为菌丝体，再发育成子实体，成熟后产生孢子，这个过程叫生活史。灵芝的担孢子成熟以后，散落到适宜的环境中就开始萌发为一次菌丝。通过质配形成二次菌丝。再通过特化、聚集、扭结形成子实体。子实体成熟时，在菌盖下面子实层内产生担子，每个担子顶端发育成 4 枚担孢子，完成灵芝整个生长发育过程。

三、灵芝生长发育的条件

灵芝生长发育需要的条件主要有营养、温度、水分、空气、光照和酸碱度等。

1. 营养

灵芝是一种腐生菌，一般生长在枯木朽树之上。灵芝对木质素、纤维素、半纤维素等复杂的有机物质具有较强的分解和吸收能力。主要依靠菌丝本身含有的许多酶类，来分解营养物质。木屑和一些农作物的秸秆，如棉籽壳、麦麸、米糠、玉米芯、稻草、甘蔗渣等也可作为培养灵芝的原料。能满足灵芝对营养物质的需求。

2. 温度

灵芝是高温型真菌。菌丝生长的温度范围是 3～40℃，最适为 26～28℃。子实体原基分化的温度范围是 22～28℃，子实体发育的温度为 18～30℃，其中以 25～28℃为最适。低于 20℃原基会变黄、僵化，不能正常分化。高于 30℃，虽然子实体生长较快，发育周期短，但质地松软，皮壳的色泽也较差。

3. 湿度

灵芝的生长发育需要充足的水分和较高的空气相对湿度。人工栽培时，培养基质的含水量控制在 60%～65%，菌丝生长阶段要求空气相对湿度在 60%～70%。子实体生长期间要求较高的空气相对湿度，一般为 90%～95%，若低于 60% 2～3 天，刚生长的幼嫩子实体就会由白色变成灰色。

4. 空气

灵芝是好气性真菌。二氧化碳对子实体生长影响很大。研究表明，当二氧化碳的浓度达到 0.1%时，有促进菌柄伸长和抑制菌盖生长的作用，当达到 0.1%～1%时，虽能长子实体，但多长成分枝极高的鹿角状；当超过 1%时，子实体发育极不正常，无任何组织分化，形不成皮壳。所以在生产中，要经常通风换气，保持空气清新。也可通过控制二氧化碳的浓度，培育出不同形状的灵芝盆景。

5. 光照

灵芝菌丝生长速度随光照度的增加而减慢，黑暗中生长最快。而子实体的分化和生长则要求较强的散射光，黑暗条件下不能形成子实体。菌盖和菌柄生长对光十分敏感，在 20～100 勒下，只产生类似菌柄的凸起物，不产生菌盖；300～1 000 勒，菌柄细长，并向光源方向强烈弯曲，菌盖瘦小；3 000～10 000 勒，菌盖和菌柄正常。15 000 勒以上，子实体生长迅速、粗壮。因此，生产上可人为地控制光照度，进行定向和定型培养，生产不同形状的灵芝盆景供观赏。

6. 酸碱度（pH 值）

灵芝喜欢在偏酸性环境中生长，要求 pH 值范围 3～7，最适 pH 值 4～6。

第三节 灵芝栽培技术

栽培灵芝主要是为了获得子实体和孢子粉。人工栽培有代料栽培和段木栽培两种方法。而代料栽培有瓶栽、塑料袋栽培等。近年来主要采用塑料袋栽培（包括枝椏柴截段制作栽培袋，即短段木栽培）。室内发菌，室外建荫棚，棚下埋袋（段木）出芝等方式。现分述如下。

一、栽培季节

灵芝属于高温结实性菌类。在自然气候条件下，灵芝子实体原基分化的最低温度为 22℃，因而栽培季节最早应安排在当地平均气温稳定在 22～23℃时为始栽培期，再向前推 30～40 天则为栽培袋制作期。河南春栽可在 4 月上旬至 5 月上旬，秋栽 8 月中旬接种为宜。

二、栽培前的准备

（一）原料的准备

1. 代料

适合灵芝栽培的原料很多，目前常用的有木屑、棉籽壳等农副产品下脚料。处理方法参阅第五、六章。

2. 短段木

据分析，短段木栽培的灵芝，其菌盖内有机锗的含量高于其他代料栽培的，具有较高的经济价值。因而，不少地方选用适宜树种的枝椏柴截段，装入料袋内进行常规熟料栽培，接种、培养后埋地出芝，从而获得较高质量的子实体。通常在制袋前 15 天砍枝椏柴，自然抽水至栽培袋制作前再截段。

3. 辅料

辅料包括麦麸、米糠、石膏、蔗糖和过磷酸钙等，因栽培方法不同，用量也不一样。

（二）栽培场的设置

室外栽培的场所最好选在房前屋后，排水良好半阳半阴，林下的沙壤地建棚筑畦，棚上要遮荫，四周挖排水沟。

三、培养料的配制

1. 常用配方

①木屑 75%，麦麸 25%，硫酸铵 0.2%。②木屑 78%，麦麸 20%，蔗糖 1%，石膏粉 1%。③棉籽壳 78%，麦麸 20%，蔗糖 1%，石膏粉 1%。④棉籽壳 44%，木屑 44%，麦麸 10%，蔗糖 1%，石膏粉 1%。⑤棉籽壳 90%，麦麸 8%，蔗糖 1%，石膏粉 1%。⑥木屑 70%，麦麸 20%，细米糠 10%，外加蔗糖 1%，尿素 0.2%，过磷酸钙 2%，石膏粉 2%。

2. 配制方法

将上述某一配方中的培养料各成分分别称好，把糖溶化在水中，其他料混合好，再将糖水慢慢加入料中，搅拌均匀。含水量为 60%～65%，pH 值 4～6。

四、装袋与灭菌

选用叠径 15～17 厘米，长 28～30 厘米的聚丙烯或聚乙烯专用袋。装料要松紧适度。用套塑料颈圈加棉塞封口或用绳子直接扎口。

短段木栽培时，选择叠径 15～17 厘米，长 33 厘米的聚丙烯或聚乙烯专用袋。将适宜树种的枝椏截成 15 厘米长的小段（含水量

35%～40%），根据所截枝桠柴的重量，按 5∶1 的比例添加辅料（短木∶辅料）。辅料配比为：木屑或棉籽壳 95%，麦麸 5%，含水量为 65%。加辅料以防划破袋口，封口方法同上（见图 11-1）。

大量栽培时采用常压灭菌，温度上升到 100℃时，保持 8～10 小时。

图 11-1　灵芝短段木栽培

五、接种

灭菌后将栽培袋移到无菌室或接种箱内，以无菌操作的方法，接入蚕豆大小一块灵芝栽培种，菌种与培养基紧密接触，以利于定植和生长。

六、管理

接种后的栽培袋移入培养室培养，室温应保持在 25～28℃，空气相对湿度应维持在 60%～70%，并要求在黑暗环境中培养，经常通风换气，经 25～30 天，菌丝可长满栽培袋。还需再培养 10～15 天，使菌丝达到生理成熟。菌丝生理成熟的标志是培养基表面出现白色或黄色（见光）凸起的疙瘩块。此后，可进入出芝管理。

1. 直接埋袋法

将生理成熟的栽培袋搬入预先设置好的畦床内。用刀片划破薄膜袋，取出菌柱，竖放在坑内，随放随用干净湿细砂或腐殖质含量较低的湿表土，填充菌柱之间的空隙，并覆盖 1～2 厘米厚的细砂，淋些水，最后覆盖薄膜。短段木也用同样的方法进行脱袋。

2. 床栽法

同上述方法一样，取出生理成熟的菌丝柱，稍捏碎，成为块状，平铺于浅畦坑内，稍压实，厚度为 10 厘米，加盖报纸和薄膜。数天后菌丝恢复，重新联结成块。当菌床表面发白时，在料面上铺上厚 2 厘米的细湿土，再加盖薄膜，以防水分过度蒸发。

3. 管理

栽培袋埋土后，应使温度控制在 22～28℃，空气相对湿度达 90%～95%，5 月下旬—6 月上旬幼芝陆续破土而出，此时，更注意湿度和通风的管理以防湿度过小而使子实体变灰，氧气充足，以利菌盖及时展开。子实体出土后，使温度保持在 25～28℃之间，此温度下长出的子实体致密，有光泽，质量最好。

在适宜的环境条件下，随着菌盖的不断生长，边缘颜色逐渐加深，表面呈现出漆样光泽，成熟的孢子从菌盖下方不断散发出来（菌盖上可见到咖啡色孢子粉时），便可收集孢子或采集子实体。采收后，在温度，湿度均适宜的条件下，再经 20～30 天再次形成原基，管理方法如前所述。

七、采收

在适宜的栽培条件下，通常灵芝 50～60 天成熟，不同品种生长期略有不同。

灵芝成熟的标志是菌盖已充分展开，边缘的浅白色或浅黄色消失，菌盖变硬，色泽变棕红，开始弹射孢子，应及时采收，晒干。一般 1 千克鲜灵芝，晒干后为 0.3～0.5 千克干灵芝。

采集孢子可用套纸袋法，将收集下的孢子密闭保存。

八、灵芝盆景制作工艺

灵芝可作盆景，以供观赏。灵芝盆景在日本和东南亚一些国家盛行，在国际市场上也是一种热门货。灵芝盆景的制作。是把传统的盆景造型艺术和生物技术相结合的一种新型工艺。它是利用灵芝的生物学特性，通过对生长条件的控制，并结合人工截枝，靠接，化学药物处理，培育出不同形态的灵芝，再配以山石，枯木，树桩，便成为造型奇特的工艺品。

制作盆景的灵芝，其菌丝体阶段可按瓶（袋）栽要求管理，到原基出现后，再按不同需要进行处理。也可直接用花盆培养，将菌丝发满的菌袋，脱去薄膜，适当掰碎填于盆内再盖膜管理，以后在膜上适当位置开孔出芝造型方法很多，现分述如下：

1. 丛生灵芝

原基出现后把温湿度同时降低，使培养条件不适于原基分化，于是菌蕾周围的颜色加深老化，并形成革质皮壳，菌蕾生长停止。再间断性地调节温、湿度，菌柄伸长的同时会出现很多长短不同的分枝。

2. 子母盖

将已形成菌盖而未停止生长的灵芝，放在通气不良的条件下培养，会使菌盖加厚。再继续控制通气条件，从加厚部分会延伸出二次菌柄，再给予通气条件，从二次菌柄上可形成小菌盖。也可用刀片将菌盖背面沿边缘皮壳轻轻挑破，形成若干个小疤痕，继续培养会从疤痕处抽出菌柄。

3. 鹿角状分枝

在温度、湿度、光照均能满足生长要求时，若室内二氧化碳累积过多，达到 0.1%以上，菌柄上出现许多分枝，越往上分枝越多，而且渐变细，在菌柄顶端始终不发菌盖。也可以套一个长塑料筒袋，也会在筒袋内形成鹿角状分枝。

4. 光诱导培养

灵芝子实体的生长有明显的向光性，在菌柄生长先端和菌盖边缘生长点，都是向有光的一面生长。在子实体生长期间，固定光源，不断改变瓶（袋）的方向，子实体会长出各种形状。

5. 控制光照

光照度可影响子实体色素的沉积，改变光照度可使子实体表面的颜色发生变化。

6. **靠接和截枝**

根据造型的需要，将两个或若干个菌柄的生长先端用细线固定在一起，或用消毒小刀削去一部分幼嫩皮壳后再固定，愈合后再拆去细线，连接成一个整体，或将另一株的老化菌柄剪去。

造型灵芝长好以后，还要经过打磨，修饰，加工，用防腐剂浸渍，涂保护膜等工艺处理或用水玻璃胶贴到木座上，或装入盆内加填充物，再根据灵芝形态命名，便成为一件精美的工艺品。

思考题

1. 灵芝生长发育需要哪些环境条件？
2. 如何进行灵芝塑料袋栽培？
3. 简述灵芝盆景的制作工艺。

第十二章　珍稀食用菌栽培

珍稀食用菌是指近年来刚开发的，目前市场上比较稀少的、品质优良的食用菌。这些食用菌不但营养丰富，而且色、香、味俱佳，在口感、味道、营养保健等方面，超过一般常规栽培的种类，具有较大的市场潜力。之所以珍稀还在于目前人们研究较少，一般产量较低。

第一节　鸡腿菇栽培

一、概述

鸡腿菇（*Coprinus comatus*），又名毛头鬼伞，属真菌门，担子菌亚门，层菌纲，伞菌目，鬼伞科，鬼伞属。是我国北方春末、夏秋雨后发生的一种野生食用菌。

鸡腿菇幼时肉质细嫩，鲜美可口，色香味皆不亚于草菇。据分析，含有 20 种氨基酸（包括 8 种人体所必需的氨基酸）。鸡腿菇也是一种药用菌。味甘滑性平，有益脾胃，清心安神，治痔等功效。经常食用有助消化，增加食欲和治疗痔疮的作用。据《中国药用真菌图鉴》载，鸡腿菇热水提取物对小白鼠肉瘤 180 和艾氏癌抑制率分别为 100%和 90%。另据阿斯顿大学报道，鸡腿菇含有治疗糖尿病的有效成分。小白鼠按每千克用 2 克鸡腿菇的浓缩物投给，1.5 小时后小白鼠降低血糖浓度的效果最为明显。

鸡腿菇生产，目前正处于初级阶段，具有十分可观的生产和市场潜力。

二、生物学特性

（一）形态特征

子实体群生。菇蕾期菌盖圆柱形，连菌柄形似火鸡腿，故名鸡腿菇。高 9～15 厘米，后期菌盖呈钟形，最后平展。成熟时菌褶变黑，边沿液化，保鲜期极短。菌盖表面初期光滑，后期表皮裂开，成为平伏的鳞片，菌肉白色，菌柄白色，有丝状光泽，纤维质，上细下粗；菌环白色脆薄，可以上下移动，易脱落；菌褶密集，与菌柄离生。少数人食后饮酒有轻微中毒现象，应注意。

（二）生物学特性

鸡腿菇是一种适应能力极强的土生菌、草腐菌、粪生菌。其生活条件包括以下几个方面：

1. 营养

鸡腿菇需要的营养，包括碳源、氮源、矿质元素和维生素等，这些营养都可从棉籽壳、玉米芯、麦秸、稻草、麦麸、尿素和粪肥等培养基质中获得。

2. 温度

鸡腿菇菌丝生长的温度范围在 3～35℃之间，最适在 22～28℃之间。鸡腿菇菌丝的抗寒能力相当强。冬季零下 30℃时，土中的鸡腿菇菌丝依然可以安全越冬。温度低菌丝生长缓慢，呈稀细绒毛状。适温偏高菌丝生长快，绒毛状气生菌丝发达，基内菌丝变稀，35℃以上菌丝发生自溶现象。子实体的形成需要低温刺激，当温度在 9～

20℃时，子实体易发生。低于 8℃或高于 30℃时，子实体均不易形成。在 12～18℃的范围内，温度越低，子实体发育慢，柄短结实，质优，个头大，像鸡腿，甚至像手榴弹。20℃以上时，菌柄易伸长，开伞。人工栽培时，温度在 16～24℃时子实体发生数量最多，产量最高。温度高时，生长快，菌柄长，菌盖薄小，品质降低，且极易开伞自溶。

3. 湿度

培养料含水量以 60%～70%为宜。发菌期间空气相对湿度 80%左右。子实体发生时，空气相对湿度在 85%～95%之间，低于 60%菌盖表面鳞片反卷，相对湿度 95%以上，菌盖易得斑点病。

4. 光照

鸡腿菇菌丝的生长不需要光线，菇蕾分化时需要 500～1 000 勒的光照，子实体发育长大时，也需要 500～1 000 勒的光照。

5. 空气

鸡腿菇属好气性菌类，菌丝体和子实体发育期间均需要新鲜的空气。特别是子实体发育期间更应注意通风换气。

6. 酸碱度（pH 值）

鸡腿菇菌丝生长的 pH 值为 2～10，最适 pH 值为 7。

此外，鸡腿菇子实体的形成，还需覆土及微生物代谢产物刺激。

三、栽培技术

鸡腿菇栽培方法和蘑菇栽培方法基本相同。可以室内栽培，也可以在室外栽培。可以生料栽培，也可以熟料栽培；可以袋栽，也可箱栽，床架式栽培。应根据具体情况，采用适当的栽培方式。

（一）栽培季节及场所

春季至夏初和秋季至春季都可栽培鸡腿菇。河南秋栽以 9—10 月份为好。

栽培鸡腿菇可以利用现有的菇房，床架，也可在室外建棚进行畦床栽培。

（二）原料的选配

可用于栽培鸡腿菇的原料很多，主要材料：马厩肥，牛粪，麦秸，稻草，棉籽壳和杂木屑等。辅料：麦麸，米糠，玉米粉，复合肥，石膏粉，石灰粉和维生素 B_1 等。配方如下：

①棉籽壳（或落地废棉）100 千克，生石灰 2～3 千克，水 160 升。

②棉籽壳 100 千克，尿素 0.5 千克，石灰 2 千克，水 160 升。

③玉米芯（碎）100 千克，尿素 1 千克，石灰 3 千克，水 150～160 升。

④稻草（或麦秸切段或粉碎）40 千克，玉米秸粉 40 千克，马粪（晒干，打碎）20 千克，尿素 1 千克，磷肥 2 千克，石灰 3 千克，水 150 升。

⑤金针菇废培养基（菌糠）80 千克，牛、马粪 20 千克，尿素 1 千克，磷肥 2 千克，石灰 4 千克，水 150 升。

⑥混合下脚料 85%+粪或麸皮 10%+磷肥 1%+石灰 4%+克霉灵 0.1%（若添加 10%菜园土和 3%～5%草木灰可提高 10%～20%的产量）。

培养料配制：将培养料按上述配方充分拌匀，进行高温发酵。将料堆成高 1 米，宽 1.2～1.5 米，长度不限，盖上薄膜保温，待堆中心温度上升到 60℃保温 1 天；翻堆，再上升到 60℃保持 1 天，发酵结束。

（三）栽培方式

1. 生料栽培

（1）上料播种将上述高温发酵好的培养料摊凉，铺于事先整好的畦床上，料厚 10～20 厘米（也可采用双孢蘑菇二次发酵的方法栽培）。

播种时先将菌种掏于用酒精擦洗过的脸盆内，掰碎，分三层播种，使最上层分布有足量的菌种。用种量为干料的 15%。

播种后平整料面，稍加压实，最后盖上 5 厘米厚的土壤（或按蘑菇栽培法），覆膜保温。

（2）菌丝阶段管理播种后应把温度控制在 22～28℃之间，空气相对湿度保持 80%左右。做好通风换气，根据栽培量的大小，确定通风换气的次数和时间长短，做到空气新鲜。注意温度不要超过 30℃，超过 28℃时要揭膜降温，菌丝生长期间料面上尽量不要洒水，土层干时可用喷雾的方法补水。约经 30 天菌丝即可发透培养料。

菌丝发透后，使温度下降到 12～18℃，加大空气相对湿度，应达 85%～95%，加强通风，适当增加光照，刺激子实体原基形成。

（3）子实体阶段的管理出菇期间温度控制在 12～18℃之间，空气相对湿度保持在 90%左右，勤喷水，保持空气新鲜。子实体生长的时间因温度而不同，一般 7～8 天就可采收。

在管理上也可采用蘑菇栽培管理法。即上料播种后，先覆膜养菌，待菌丝基本发透培养料时，再进行覆土管理，覆土的选择和处理非常重要，可参照第四章双孢蘑菇栽培。先覆调湿后的粗土粒，待看到菌丝爬上土粒后再覆调湿后的细土。覆土后约半个月原基在土层中形成。管理同上所述。

（4）采收鸡腿菇的速度快，必须在菇蕾期，菌环刚刚松动，钟形菌盖上出现反卷毛状鳞片时采收。当菌环松动或脱落后采收，子实体在加工过程中会氧化变褐，菌褶甚至会自溶。流出黑褐色的孢子液而完全失去商品价值。故鸡腿菇应适期早采。采大留小。分次采收。采下的子实体用清水冲净泥土，削去根部，及时销售或加工，以免老化失去商品价值。

鸡腿菇出菇从 9 月开始到第二年 5 月结束。采完一茬菇后，停水 1～2 天，然后再喷一次重水。覆膜使菌丝恢复生长，促使下茬菇发生。

2. 熟料栽培

可采用塑料袋栽培法。选用（17～22）厘米×（40～45）厘米的聚乙烯专用塑料袋，按上述任一配方进行装袋、灭菌、接种，菌丝长满后分别脱袋，掰碎后放在畦床上，整平拍实，料厚 10～15 厘米，盖上消毒后的塑料薄膜，1 周后菌丝恢复生长并连接成块，掀掉塑料薄膜，覆盖 2 厘米厚的红土或砂质壤土，每天喷水 1～2 次，保持空气相对湿度在 85%以上。其他管理同前述。也可采用整袋（不掰碎）脱袋后，横放在畦床上，间隔 5 厘米，再按常规覆土的方法栽培。熟料栽培成功率高，但工序复杂。

3. 发酵料栽培

（1）发酵。将上述任一配方的原料混合均匀，最后使含水量达到 70%～75%，pH 值为 9.0～10.0。然后建堆、翻堆，制成宽 1.5～2 米，高 1～1.5 米，长度不限的料堆，每隔 50 厘米打料孔（孔径 3～5 厘米），待堆中心温度上升到 60℃左右时维持 1 天，翻堆后重新复堆打孔（翻 2～3 次堆），最后一次翻堆时喷入克霉灵（若加入无病虫害的土壤及草木灰，可在发酵结束后加入）。高温持续时间不要太长，否则，培养料失水太多，营养消耗太大，出菇后劲不足，将会严重影响产量和效益。

标准发好的料呈咖啡色，有酱香味而无酸臭味，含水量在 65%左右（指缝有水泌出），pH 8.0 左右（偏碱）。散堆降温至 30℃以下准备接种。

（2）常用的栽培方法是畦栽与袋栽。

① 畦栽。在大棚内或遮荫好的林地、农田中，挖宽 80～100 厘米、深 15～20 厘米的菇畦，喷 600 倍液敌百虫，浇透底水后撒石灰粉。

播种铺料、播种（3 层料，3 层种），料总厚度 15 厘米，用种量约 15%，适当压实，然后盖消毒纸或薄膜。

② 袋栽。用（20～26）厘米×50 厘米聚乙烯薄膜袋（扎 3 道微孔线），一端扎活结，层播，有微孔线处放菌种，两端用种量多于中间，上端扎活结。

（3）管理措施。从种到收约 40 天，历经发菌期、覆土期、分化期、产菇期和间歇期的管理，整个生产周期约 3 个月。决定成败的关键是发菌期。

① 发菌。光线暗，空气新鲜，料温约 25℃，空气相对湿度约 70%，约 20 天菌丝长满。料温不要高于 30℃、湿度不要太大，随菌丝生长不断加强通气量是发菌成功的关键。

② 覆土。当菌丝长满袋后，如有适宜的出菇温度，就可转入出菇管理阶段了。在塑料大棚内，按南北走向建造宽 1～1.2 米，深 3 040 厘米，长度依棚宽度而定的地畦，在畦底和畦的四周撒一层石灰粉。将发满菌的菌袋脱去薄膜，截成两段，直立在挖好的畦内，菌棒间留 2～3 厘米的缝隙，用处理过的覆土将袋间空隙填平，并在整个料面上覆 3～4 厘米的覆土，最后用农膜覆盖畦面。

在覆土时应注意覆土的质量、厚度，因为它们对鸡腿菇的生长有很大影响。覆土层太厚，会影响通气性，菌丝长的时间过长，出菇慢；如覆土太薄，产量会低。

覆土以二次覆土法为好，具体是先在料面上覆一层厚 2 厘米的土，5～7 天后菌丝长出，再在原来的土层上覆土 1～2 厘米，两次覆土的总厚度达 3～4 厘米。

（4）覆土方法。

畦栽覆土法：揭去薄膜及报纸，均匀盖土约 3 厘米厚。

袋栽覆土法：在大棚内做畦（宽 100 厘米，深 20～30 厘米，长度不限）。杀菌、杀虫药喷洒菇畦，灌底水，渗后撒石灰粉，将发好菌的菌袋横排或切断立入畦中（间距 3～5 厘米），填土、浇水直至表面覆土厚约 3 厘米。

覆土后保持土壤湿润，光线暗、空气新，气温 22～26℃，相对温度 80%。

（四）生长期管理

1. 分化期

分化管理的时机：土中布满菌丝（10 天左右）。

措施：降温至 18～20℃，创造温差，提高相对湿度 85%～90%，加强光照及通气条件。覆土后 15～20 天现蕾。

2. 子实体生长期

温度约 20℃，空气相对湿度约 90%，光照较弱，空气新鲜。勿向菇体直接喷水（易变色），为防喷水不当而易致菇体变黄，最好用较细的水管浇注于菇丛缝隙中。喷水后要注意通风，勿形成闷湿环境。适宜的喷水通风应根据天气及菇的生长情况而灵活掌握。

一般现蕾 7～10 天，菌柄伸长，菌盖有少许鳞片，尚紧包菌柄，菌环刚松动时采收（约气氛成熟）。否则因其成熟快而开伞，放出黑色孢子并很快自溶，彻底失去商品价值。采收前约 4 小时之内不要喷水，以免手接触处的菇体变红或产生色斑。采收时，手握菌柄下部轻轻旋转后再拔起。

3. 间歇期

采收后清料面，整平孔穴，喷 2%石灰水，盖膜后 7～10 天又可现蕾，采完两朝菇后喷追肥。共收 4～5 茬，约需 3 个月。

（五）易发生的病害

鸡腿菇在栽培中最易发生的病害是叉状炭角菌，因其子实体酷似鸡爪，又被称为鸡爪菌。鸡腿菇在菌丝体生长阶段不感染鸡爪菌，一般在子实体生长到中、后期易发生该病。其菌丝与鸡腿菇争夺培养料及土层中的营养、水分和空气，强烈抑制鸡腿菇菌丝体及子实体的生长。大量发生时，使鸡腿菇菌丝变细、发暗、衰竭、消失；使菇蕾萎缩死亡，停止出菇；使培养料逐渐黑腐，从而导致毁灭性的失败。

（1）避免产生高温、高湿、通风差的环境条件。

（2）严格处理培养料及覆土材料培养料及覆土材料要按照配方用杀菌药、杀虫药及新鲜石灰粉处理，以杀死虫卵及杂菌。

（3）及时治疗。一旦发现鸡爪菌子实体，应停止喷水。用 10%甲醛浇灌患病部位，用塑料袋盖严子实体后将其小心拔出，并较大面积地去除患处周围的覆土及培养料，把清理出的污染料深埋于菇房远处。再用 10%甲醛浇灌挖除部位，并填补新的无病虫害土壤。

第二节　巴西蘑菇栽培

一、概述

巴西蘑菇。又名姬松茸、小松菇、柏拉氏蘑菇。属担子菌亚门，层菌纲，伞菌目，蘑菇（黑伞）科，蘑菇（黑伞）属。原产巴西、秘鲁，现世界各国均有栽培。1965 年，日裔巴西人古本龙寿将其孢子菌种送给日本，经食用菌工作者多年研究，栽培获得成功。10 多年后开始进行商业性栽培，并按照日本人的爱好而命之以“姬松茸”的美名。1992 年，福建农科院从日本引进并进行一系列栽培研究。目前，我国许多地区已进入规模性的商业栽培阶段。巴西蘑菇具有较高的食用价值和医疗价值，其菌盖嫩、菌柄脆，口感极好，味纯鲜香，营养丰富，干品中的蛋白质含量可达 40%～45%，人体所必需 8 种氨基酸齐全，还含有多种维生素，巴西蘑菇提取物中所含甘露聚糖对肿瘤，特别是腹水癌、痔疾、增强精力等方面有神奇功效。巴西蘑菇是夏秋发生的一种腐生菌。

二、生物学特性

1. 形态特征

巴西蘑菇由菌丝体和子实体组成。子实体包括菌盖、菌褶、菌环、菌柄四部分。菌盖直径 6～11 厘米，半球形，中央平坦，表面被有灰褐色至褐色的纤维状鳞片，菌肉白色；菌褶离生，密集，初期白色，中期肉色，后期黑褐色；菌柄上下等粗或基部膨大白色；菌环上位，大形，膜质，带白色，后变褐色。

2. 生活条件

（1）营养。巴西蘑菇能分解利用作物秸秆，如麦秸、稻草、棉籽壳、玉米秆等作为碳源。能利用蔗糖、葡萄糖，而不能利用可溶性淀粉。以豆饼、花生饼、麦麸、动物粪便、尿素和硫酸铵等作氮源，不能利用蛋白胨。

（2）温度。巴西蘑菇菌丝生长发育的温度范围是 10～37℃，最适温度 23～27℃。子实体生长温度范围是 20～33℃，最适温度是 22～25℃。

（3）湿度。培养料最适含水量 55%～60%，覆土层最适含水量 60%～65%，出菇期最适空气相对湿度 75%～85%。

（4）光线。巴西蘑菇菌丝生长不需要光线，子实体生长需微弱光线。

（5）空气。巴西蘑菇是一种好氧的食用菌，菌丝生长及子实体生长均需要新鲜空气。

（6）pH 值。培养料最适 pH 值为 6.0～6.8。

三、巴西蘑菇的栽培技术

（一）栽培季节

根据巴西蘑菇生物学特性，河南省春栽宜在 2 月发酵原料，2 月中旬至 2 月底播种，3 月下旬至 5 月出菇管理；秋栽宜 8 月上旬发酵原料，8 月下旬至 9 月上旬播种，10—11 月出菇管理。11 月中、下旬如温度低，可适当加盖草帘加温。

（二）栽培场地与栽培方式

地势平坦，交通便利，清洁卫生，有一定面积的菇房和荫棚都可栽培巴西蘑菇。栽培方式主要有大棚畦栽、小拱棚畦栽和菇房及塑料大棚内床架式栽培。

（三）培养料的配方与堆制发酵

1．培养料配方（100 平方米面积用量）

配方①：棉籽壳 1 500 千克、牛粪 1 500 千克、鸡粪 250 千克、碎麦秸或麦糠 500 千克、过磷酸钙 30 千克、尿素 15 千克、石灰 40 千克。

配方②：麦秸或稻草 2 000 千克、人粪 800 千克、过磷酸钙 30

千克、石膏粉 40 千克、碳酸钙 25 千克、尿素 15 千克、菜籽饼 20 千克、石灰 40 千克。

配方③：稻草 1 600 千克、干牛粪 450 千克、棉籽壳 310 千克、石膏粉 30 千克、过磷酸钙 30 千克、尿素 15 千克。

配方④：玉米秆 600 千克、棉籽壳 600 千克、麦秸 400 千克、干鸡粪 300 千克、过磷酸钙 20 千克、尿素 10 千克。

2. 堆制发酵

分一次发酵和二次发酵。

（1）一次发酵。把上述配方中的主料提前预湿后，和辅料混合均匀进行建堆，料堆一般上宽 1 米，下宽 1.2～1.5 米，高 1.2 米，长 1 米以上，堆制 7 天后，料温上升至 70～75℃，进行第一次翻堆，翻堆时把外层翻入中间，中间翻到外层，并加入硫酸铵或尿素。5 天后翻第二次堆，以后按 4 天、3 天间隔进行翻堆。共 4 次。发酵后，料呈棕褐色或咖啡色，手拿有弹性感，无粪臭、无氨味。含水量 60%～75%，pH 值适中。如采用室外畦床栽培即可进行铺料，注意床面要彻底消毒后，再将发酵好的培养料铺入畦床，厚度 20～25 厘米，如采用床架式栽培，要在进料后进行“二次发酵”。

（2）二次发酵（床架栽培法）。将培养料按一次发酵的方法配料建堆，翻两次堆后，趁热把培养料移入栽培室。培养料上床后，立即封闭菇房的出入口、通风口，迅速升温到 58～62℃，保持 6～8 小时，然后降温至 48～52℃，并维持 4～6 天，进行“二次发酵”。通风降温，待温度降到 25℃时即可播种。料厚 15～20 厘米。

（四）播种及播后菌丝培养

把菌种分成块状，在培养料上每隔 10 厘米播一穴；使菌种上中下分布均匀，最上层用种量占总量的 50%。用种量要多于双孢蘑菇，一般粪草菌种 4～5 瓶/平方米，棉籽壳菌种 3 瓶/平方米，麦粒菌种 1.5～2 瓶/平方米。

播种后要注意保温保湿，温度控制在 23～28℃，相对湿度在 85%～90%，并注意加强通风换气。室外栽培时可用地膜覆盖畦床，

5天内不揭膜以保温保湿。6天后可视情况每2天通风一次。

（五）覆土

覆土时间，一般在播种后20天左右，菌丝长到整个培养料的2/3时开始覆土。

覆土材料以新鲜、透气好的田底土、水稻田土、河泥先晒干、加10%煤渣，使用前先用5%甲醛溶液熏蒸消毒。

覆土方法可采用“波浪”法，即先在料面上覆上一层厚1厘米左右的土粒，每间隔10～15厘米做一条宽10厘米、高5厘米的土坎。或者用先覆3厘米厚的直径1～1.5厘米的粗土粒，再覆1～1.5厘米厚的细土粒。

（六）出菇期管理

播种后 40天左右，菌丝爬上土层。此时应注意喷水增湿，温度保持在23～27℃，两天后可见到小菇蕾形成，此时应注意加强通风。3天后幼菇蕾长大时，应注意喷水，避免造成畸形菇，此时应以通风增湿为主，温度控制在20～25℃。室外栽培的出菇期每天应揭膜通风1～2次，时间不少于30分钟，通风后罩膜保湿。当菌盖直径 2～5 厘米时即可采收。采后及时清床，喷水增湿促进下潮菇生长。

（七）采收

采收适期，巴西蘑菇采收以菌盖刚离开菌柄前，菌盖尚未开伞，表面淡黄色，有纤维状鳞片，菌褶内层菌膜尚未破裂时为宜。开伞破膜后，孢子散失降低品质。采收方法，用两手指捏住菌盖，轻轻旋动，菌柄即离开土层。

第三节　白灵菇的栽培

一、概述

白灵菇（*Pleurotus eryngii Var. Nebrodensis*），又名白阿魏蘑，天山神菇。属担子菌亚门、层菌纲、伞菌目、侧耳科、侧耳属。是近年来人工驯化的珍稀食用菌。白灵菇色泽洁白亮丽、菌肉肥厚、脆嫩可口、香味浓郁，被称为“草原牛肝菌”和“侧耳属中最具烹饪价值的一种”的美誉，被外国人称为“蚝菇王”。据分析，该菇蛋白质含量高，含 17 种氨基酸，其中谷氨酸和精氨酸含量更高，还含有丰富的维生素 D 及大量矿质元素，是一种珍稀的天然保健食品。赢得了广大人民喜爱，市场潜力很大。

野生白灵菇在春末至夏初寄生或腐生于药用植物阿魏根茎上。主要分布在南欧、北非、中亚，中国主要分布在新疆的木垒、青河、托里等县。

二、生物学特性

1. 形态特征

子实体单生或丛生。菌盖初凸起后渐平展，中央下陷，呈歪漏斗状，白色，直径 6～13 厘米，盖缘微内卷。菌肉白色，肥厚，中部厚，边缘薄。菌褶密集，延生，淡黄色至奶油色。菌柄偏生，粗 4～6 厘米，长 3～8 厘米，上粗下细或上下等粗，表面光滑，白色。孢子无色，长椭圆形至椭圆形。

2. 生活条件

（1）营养。白灵菇在自然界主要寄生于伞形科大型草本植物上（如刺芹、阿魏等），也是一种腐生菌，可用阔叶树木屑、棉籽壳、甘蔗渣等为原料，进行人工栽培。

（2）温度。白灵菇是一种中低温型食用菌。菌丝生长最适温度 25～28℃，菇蕾分化温度 0～13℃，子实体发育温度为 15～18℃，高温型菌株出菇温度为10～25℃。

（3）湿度。白灵菇菌丝和子实体生长需大量水分。培养基含水量在60%～65%适宜。子实体生长期空气相对湿度在87%～95%，发育正常。

（4）光线。白灵菇菌丝生长期不需要光线，菇蕾生长需200～500勒散射光。

（5）空气。白灵菇菌丝和子实体的生长发育需新鲜空气，通风不良易产生畸形菇。

（6）酸碱度（pH值）。白灵菇可以在pH值为5～11的基质上生长，但最适pH值为5.5～6.5。

三、白灵菇栽培技术

1．栽培季节

以冬、春季较为理想，可根据市场和本地气候灵活安排，一般第一批11月至翌年2月，第二批12月至第二年3月，第三批1月至4月。

2．栽培方法与场所

白灵菇可瓶栽、袋栽。栽培场所主要有日光温室、大棚，一般房屋整理消毒后也可使用。

3．栽培原料及配方

栽培原料一般选当年新鲜、无霉变的棉籽壳、玉米粉等。

配方①：棉籽壳100千克、玉米粉5千克、石灰3千克、石膏2千克。

配方②：棉籽壳100千克、玉米粉5千克、石灰3～5千克。

4．培养料配制与装袋灭菌

按规模将所需料混合均匀，拌水60%～65%，加石灰2%，制成高1.2～1.5米，宽1.1～1.5米，长度不限的料堆，进行发酵。堆建好后，上面和两侧各按30厘米的距离打一排孔，以利通气。发酵过程中每天翻1次堆。发酵好的料应呈棕褐色，无酸臭味，料发酵后将湿度调至55%～60%，pH值调到8～8.5，选15厘米×17厘米，膜厚 0.04 毫米的聚丙烯袋或聚乙烯专用袋。装袋后在高压下灭菌 2～3 小时，常压下灭菌 24 小时，灭菌要彻底。

5．接种培养

将灭好菌的菌袋冷却到 30℃时，移入接种室，严格按照无菌操作规程接种。采用两头接种，接种量以能覆盖菌袋表面为宜。接种后 3 天不要动菌袋，7 天后翻垛查看有无杂菌污染，然后在无光、空气相对湿度 65%以下，温度在 25～28℃条件下培养 45～60 天，菌丝可发满袋，满袋后可转入出菇阶段。

6．出菇期管理

当菌丝发满袋后，移入低温，明亮的菇棚内进行催菇管理。晚上加大通风，进行低温刺激，结合喷水增湿促进菇蕾形成。菇蕾稍大些时，把袋口解开，并将袋口下翻，露出原基和料面，此期应加大水分管理，空气相对湿度保持在 85%～90%，温度控制在 8～15℃。同时要大通风，二氧化碳浓度要低于 0.1%，开袋后 10～12 天即可采收。一般只采一次。

7．采收

当白灵菇长至 80%熟时，及时采收，即菌盖尚未完全开展时。过早，产量低；过晚，品质低。一般每袋可产 1 个菇，每菇重量 150～250 克。

第四节　茶薪菇栽培

一、概述

茶薪菇（*Agrocybe chaxinggu*），又名茶树菇、杨树菇、柱状田头菇、柳松茸、柳环菌。属担子菌亚门、层菌纲、伞菌目，粪伞科、田头菇属。茶薪菇营养丰富、香气纯正、口感脆嫩、菇汁有较浓松茸香味。含 10 余种矿质元素，18 种氨基酸（其中赖氨酸含量高达 1.75%）是一种食用价值很高的伞菌。同时，茶新菌还是一种药用菌，其性平，甘温，无毒，有清热、平肝明目之功，利尿、健脾之效，对肿瘤有较强抑制作用。被民间誉为“神菇”。是一种非常有发展潜力的珍稀食用菌品种。

茶薪菇多于春秋两季自生于杨树、榆树、榕树、柳树、茶树等枯干上。主要分布于中国、日本、北美东南、南欧各国。

二、生物学特性

1. 形态特征

茶薪菇子实体单生、双生或丛生。菌盖直径 2～10 厘米，表面光滑，初为半球形，暗红褐色后渐变扁平，褐色或土黄色。成熟后菌盖上卷。菌肉白色，菌褶初白色，成熟后变咖啡色。菌柄长 5～12 厘米，直径 3～15 毫米，中实，纤维质，脆嫩，近白色，表面有纤维状条纹或纤毛。

2. 生长发育条件

（1）营养。茶薪菇菌丝对木质素分解能力较弱，对氮源要求较高，一般要在培养料中加入适合的氮源。如米糠、麦麸、大豆饼粉、花生饼粉、茶籽饼粉等。

（2）温度。茶薪菇属中温型菌类，对温度适应范围较广。菌丝体在 5～33℃条件下均能生长，最适生长范围是 24～28℃。子实体形成、发育最适温度为 20～22℃。

（3）水分。茶薪菇菌丝生长最适宜的培养基含水量为 60%～65%。提高湿度可提前现蕾，有利于高产。子实体生长阶段，空气相对湿度以 85%～95%为宜。

（4）空气。茶薪菇属好气性菌类，子实体生长阶段，必须保证空气清新，加强通风换气，防止出现畸形菇。菌丝生长阶段，需氧量相对较少，可间断通风，以控温增湿为主。

（5）光照。茶薪菇菌丝生长不需光照，光线会抑制菌丝生长。子实体的形成和发育则需 25～300 勒的散射光，黑暗条件下不能形成子实体。

（6）酸碱度（pH 值）。茶薪菇喜欢中性偏酸环境，菌丝生长最适 pH 值为 5～7。生长期间产生有机酸少，培养基整个生长过程

pH 值变化不大。

三、栽培技术

1．栽培季节

茶薪菇可进行春秋两季栽培，春季 2—3 月份制袋，4—6 月出菇，秋季 8—9 月制袋，10—11 月出菇。各地可根据具体气候状况和市场行情灵活安排。

2．栽培方式

茶薪菇可瓶栽、袋栽、箱栽、段木栽培，但目前一般采用袋栽法。栽培场所一般在室内进行床架栽培和地栽。

3．培养料配方与拌料

对培养料进行科学配方是栽培茶薪菇的关键。现介绍几种常用配方。

配方①：棉籽壳 80%、麦麸 10%、玉米粉 5%、石膏 1%、复合肥 1%、石灰 3%、含水量 60%。

配方②：棉籽壳 40%、杂木屑 40%、麦麸 10%、玉米粉 5%、石膏 1%、糖 1%、石灰 3%～5%、含水量 60%。

配方③：玉米芯 75%、麦麸 20%、石膏 1%、复合肥 1%、石灰 3%、含水量 60%。

配方④：阔叶树木屑 76%、麦麸 20%、石灰 2%、白糖 1%、硫酸镁 1%。

按上述配方将预湿好的主料（棉籽壳、木屑、玉米芯等）和辅料充分混合，糖、磷酸镁等用少量的水溶解后加入，料的含水量控制在 60%～65%，加入 0.1%的菇霉灵可有效防止霉菌污染。

4．装袋与灭菌

栽培袋可选用（14～17）厘米×（26～35）厘米，膜厚 0.04 毫米的聚丙烯或聚乙烯专用袋。培养料要装实，但袋不能变形。装好后套上塑料套环，塞上棉塞或盖上海绵盖（也可用绳子直接扎口）。然后灭菌，采用高压灭菌（压力 1.5 千克/平方厘米）保持 2～3 小时。

5．接种

灭菌后的菌袋搬入预先消过毒的接种室内，待料温降至28℃以下，按严格无菌操作规程接种，可在料袋两端或周围打孔接种。每瓶750毫升菌种瓶菌种可接30袋左右。

6．菌丝培养

接种后的菌袋及时搬入培养室，置25℃条件下培养，4～5天后开始通风，每天1～2次，每隔7天，翻堆一次，使菌袋受热一致，发菌一致，同时检查有无杂菌感染袋，及时剔除。经过40天左右的培养，菌丝可长满袋。

7．出菇管理

发好菌的菌袋，移入栽培室，采用单层直立排放式，摆在床架上或地面上。加强通风换气，适当增加光照，室内温度控制在20℃，室内相对湿度达到90%左右，10～15天原基出现，这时去掉棉花及套环，将塑料袋往外下翻3～5厘米，盖上报纸，每天喷水2～3次，每天揭开报纸通风2～3次。当大部菇蕾长至3厘米左右高时，撤去覆盖物，每天喷雾增湿，并随着菇体生长逐渐拉伸袋口，形成袋内高浓度二氧化碳小环境，促进菇柄伸长。一般原基形成后一周左右即可采收。

四、采收

当菌盖尚呈半球形，菌膜未破裂时为采收最适期。采收后去除根部培养料，分级包装即可上市。优质茶薪菇的标准是：菌盖色艳，肥厚大小一致，不开伞，菌柄粗壮，白色，长短整齐。

第五节　杏鲍菇栽培

一、概述

杏鲍菇[*Pleurotus eryngii*（*Dc.exFr*）*Quel*]，又名刺芹侧耳、干贝菇等。属真菌门，担子菌亚门，层菌纲，伞菌目，侧耳科，侧耳属。其菌丝肥厚，质地脆嫩，味道鲜美，具有杏仁味和鲍鱼味，故而得名杏鲍菇，同时又是味道最好的一种平菇，被称为“平菇王”。入药有降血压、降血脂的作用。寡糖含量丰富，与双歧杆菌共用，有改善肠胃功能和美容的效果。是著名的珍稀食用菌之一。

杏鲍菇于春末夏初兼性寄生于大型伞形花科植物如刺芹、阿魏、拉瑟草等植物的根上。主要分布于南欧、北非、印度、巴基斯坦、中国。

二、生物学特性

1. 形态特征

菌丝白色，具杏仁味，无乳汁分泌，子实体有菌盖、菌褶和菌柄组成，子实体单生或群生，菌盖宽 2～12 厘米，幼时近圆形，成熟时圆形不规则，菌盖中部下凹呈漏斗状、扇形，表面有丝状光泽，幼时浅灰褐色，成熟时浅黄白色。菌褶延生、密集、略宽、乳白色。菌柄乳白色，呈纺锤形，下半部分膨大，肉质坚实，长 5～15 厘米，直径 1～3 厘米，菌柄比菌盖重。

2. 生长发育条件

（1）营养。杏鲍菇是一种分解纤维素，木质素能力较强的食用菌，需较丰富的碳源、氮源。氮源越丰富，菌丝生长越好，产量较高。

（2）温度。杏鲍菇菌丝生长最适温度是 25℃左右，子实体形成的最适温度是 10～15℃，子实体发育最适温度为 15～21℃，25℃以上子实体发黄。

（3）湿度。杏鲍菇既耐旱又需要水分。菌丝生长阶段培养料含水量以 60%～65%为宜，空气相对湿度 60%左右，子实体原基形成和发育期间，空气相对湿度以 85%～95%为宜。

（4）光线。杏鲍菇菌丝生长阶段不需要光线，子实体形成和发育需要一定散射光。适宜光照度 500～1 000 勒，但不能阳光直射。

（5）空气。杏鲍菇菌丝生长阶段，对氧气需求不大，适当二氧化碳对菌丝生长有促进作用。子实体形成和发育过程中需求足够的氧气，通风不良易形成畸形菇。

（6）酸碱度。杏鲍菇菌丝生长期，pH 值为 6.5～7.5 较为适宜，子实体原基形成和发育时以 pH 值 5.5～6.5 较适宜。

三、栽培技术

1. 栽培季节

杏鲍菇的出菇温度最好在 10～15℃，可根据当地气候条件安排栽培季节。河南省宜在春末夏初和秋末冬初栽培。

2. 栽培方式

杏鲍菇栽培可采用瓶栽、箱栽和袋栽等方式。最为方便适用的是袋栽。栽培场所主要有菇房，塑料大棚，日光温室等。

3. 栽培料及配方

目前栽培杏鲍菇的主要原料是棉籽壳、废棉、杂木屑、稻草粉。辅助原料有麦麸、玉米粉、石膏、糖等。

配方①：杂木屑 77%、麦麸 16%、玉米粉 5%、白糖 1%、石膏粉 1%，含水量 60%，pH 值 7.5。

配方②：棉籽壳 46%、杂木屑 35%、麦麸 15%、玉米粉 2%、石膏 1%、白糖 1%、含水量 60%，pH 值 7.5。

配方③：玉米芯 50%、棉籽壳 30%、麦麸 15%、玉米粉 3%、石膏 1%、白糖 1%、含水量 60%，pH 值 7.5。

配方④：麦秸段 45%、棉籽壳 35%、麦麸 15%、玉米粉 4%、石膏 1%、白糖 1%、含水量 60%，pH 值 7.5。

4. 拌料装袋

拌料前，栽培主料提前预湿并发酵 3～5 天，发酵后将其他成分加入并充分拌匀，白糖要溶于水后加入。栽培袋选择聚丙烯袋或聚乙烯专用袋，以 15 厘米×30 厘米，膜厚 0.04 毫米规格较适宜。将拌好的料装入塑料袋中，装料时下紧上松，将料面压实，中间打一个洞，深入料中 1/3，装料量占袋长的 60%。封袋时可采用套环加棉塞法，也可直接扎口再反折扎紧。

5. 灭菌接种

装好料的菌袋及时灭菌，采用高压（152 千帕，温度 125℃，保持 2～3 小时）灭菌。灭菌后，自然冷却降温，待料温降到 23℃时，严格按照无菌操作规程接种。

6. 菌丝培养

接种后，将料袋置于事先消过毒的培养室内，放在通风良好，光线较弱或黑暗，温度在 20～25℃的环境中培养，接种后 5～7 天菌丝生长 20 天后检查有无杂菌污染。空气相对湿度控制在 70%以下，每天通风 1～2 次，一般 35 天左右菌丝可长满料袋。

7. 出菇管理

菌袋长满菌丝后，可移入菇房出菇，小的栽培袋放在床架上单层直立出菇，大的栽培袋采用地面单排叠堆出菇。排好袋后，解开袋口，拉直袋膜，覆一层报纸，喷雾水，增加空气相对湿度，刺激原基形成。空气相对湿度保持在 80%左右，温度控制在 15～18℃。当幼菇长至接近袋口 2 厘米时，揭去覆盖物。菇体生长期应加紧控温，增湿，加强通风换气，增强光线以促进菇体生长，此期温度控制在 12～18℃，低于 10℃及时加温，高于 20℃及时通风降温，每天喷水 1～2 次，空气相对湿度保持在 85%～90%。菇体生长期更要注意通风换气，排放二氧化碳。当二氧化碳高于 0.1%时会出现畸形菇。同时应增加光照，200～1 000 勒的散射光，促进菇体生长。

四、采收

当菌盖张开平整，颜色变浅，边缘微内卷，孢子未弹射时为采收适期。采收时一般整株采下。第一茬菇采后，清除残留的菇脚，养菌 5～7 天后，喷水增湿，并控制好温度、光线、通风，15 天左右可出第二茬菇。

第六节　灰树花栽培

一、概述

灰树花（*Grifola frondosa*），又名贝叶多孔菌、栗子蘑、莲花菇、舞茸、千佛菌。属担子菌亚门，层菌纲，非褶菌目，多孔菌科，树花属。灰树花具有松蕈样芳香，肉质柔嫩，味如鸡丝，脆似玉兰，口感极佳，是极其珍贵的高档食用蕈菌。同时，灰树花还具有极高的医疗保健功能，据报道，它有抑制高血压、肥胖症的功效；能预防脑血管病、肝病、糖尿病等。并具有明显的抗肿瘤效果。是一种非常珍贵的药用真菌。

灰树花是一种中温型，喜光，好氧性的腐生真菌，夏秋季生于栎、板栗、栲树等壳斗科树种及其他阔叶树的树干及树桩周围。主要分布于日本、欧洲、北美和我国的许多地区。

二、生物学特性

1. 形态特征

灰树花子实体肉质，短柄，多分枝，呈珊瑚状，末端生扇形或匙形菌盖，重叠成丛，最宽40～60厘米，重3～4千克，菌盖宽2～7厘米，灰色至浅褐色，表面有细毛，熟后光滑，边缘薄，肉卷。菌肉白，厚2～7毫米。菌管长1～4毫米，管孔延生，孔面白色，毛淡黄色，管口多角形。

2. 生长发育条件

（1）营养。灰树花是一种腐生菌，分解纤维素、木质素能力比较强，所以一般栽培用木屑、棉籽壳做碳氮源。

（2）温度。灰树花菌丝生长的温度范围比较广，在5～32℃范围均能生长，最适温度为24～27℃，原基形成最适温度18～22℃，子实体生长发育最适温度为15～20℃。

（3）湿度。灰树花栽培时，培养基含水量控制在60%～63%；环境相对湿度控制在60%～65%；子实体生长阶段最适宜相对湿度为85%～95%。

（4）光照。灰树花菌丝生长对光照要求不严格。子实体生长阶段要求较强的散射光和稀疏的直射光，光照不足，色泽浅，风味淡，品质较差，原基形成时需200勒光照，栽培场所需200～500勒光照。

（5）空气。灰树花无论菌丝生长和子实体发育都需要新鲜空气，特别是子实体生长期需氧量比其他菌类都多。栽培室内空气每天需全部更换 5～6 次，一般出菇期移置室外。

（6）酸碱度（pH 值）。灰树花适宜在微酸性环境中生长，最适宜 pH 值为 5.5～6.5。

三、栽培技术

1. 栽培季节

灰树花子实体生长温度范围比较窄，各地要根据当地气候条件进行安排。春栽在 2～3 月份，秋栽在 9—10 月份播种。

2. 栽培料配方与拌料

灰树花栽培料的主要原料是壳斗科树种的木屑，一些不带芳香油的阔叶树的木屑及棉籽壳也可用；辅助原料主要有麦麸、米糠、白糖、石膏、富含腐殖质的林表土等。

配方①：栗木屑 70%、麦麸 20%、林表土 8%、石膏 1%、白糖 1%、含水量 55%～57%。

配方②：栗木屑 50%、棉籽壳 40%、林表土 8%、石膏 1%、白糖 1%、含水量 55%。

配方中的栗木屑最好粗细搭配。将培养基原料按配方比例准确称量，加水并拌匀调节到适宜含水量。

3. 装袋与灭菌

用 17 厘米×30 厘米，膜厚度为 0.05～0.06 毫米的聚丙烯袋或聚乙烯袋。将拌好的培养料装入栽培袋中。要求上虚下实，但栽培袋不变形，无刺破，并把料面整平，用小木棍打一洞。装料 15 厘米左右，袋口套塑料环，加棉塞，盖防水纸，用绳扎紧，即可灭菌。

4. 灭菌与接种

将装好的菌袋，轻轻搬入灭菌锅灭菌。采用高压灭菌，要求压力 152 千帕，温度 125℃，保持 2～3 小时。常压灭菌，温度 100℃，保持 8～10 小时。灭菌结束，从锅中轻轻取出培养袋，待温度降到 28℃以下即可接种。接种要严格按照无菌操作规程进行，要求尽量迅速、准确。每袋培养基接入菌种 20～25 克，轻轻摇动，让一部分菌种落入培养基的洞中。

5. 菌丝培养

将接过种的菌袋移入培养室，温度保持在 25～28℃，相对湿度保持在 60%～70%，避光培养，每日通风 1～2 次，15 天后给以散射光照，加强通风，温度控制在 22～25℃，30 天后菌丝长满袋，表面逐渐形成菌皮，并逐渐隆起，即原基正在形成，此时必须加强光照，搬到室外或移到室内阳光较强处。

6. 出菇管理

根据培养料不同，出菇管理有两种方式：一种是覆土出菇；另一种是不覆土出菇。

（1）不覆土出菇（开袋栽培）。将长有原基的菌袋搬到出菇室，保持温度 20～22℃，空气相对湿度 85%～90%，光照度 200～500 勒，3～5 天后，除去套环、棉塞，直立在铺有细沙的床架上，袋口上覆纸，纸上喷水，保持湿润，每天通风 2～3 次，更新空气，同时可在菌袋两侧用刀割两个“×”形口以增氧。当原基呈脑状有皱褶，分泌出黄色小水珠（注意保护，不能抹去）逐渐长大后，形似珊瑚，并开始出现朵状的雏形。此时子实体形成，温度应降至 15～20℃，湿度控制在 90%以上，每天通风 4～5 次，此期通风和保湿矛盾的解决是栽培的关键。20～25 天后，即可采收。

（2）覆土出菇（脱袋出菇）。菌丝发满菌袋时，要选栽培场地。要求地势高干燥，通风便利，排灌方便，远离厕所或畜禽圈等污染源的地方。按东西走向挖宽 45～55 厘米，长 2.5～3.0 米，深 25 厘米的畦，畦间留 60～80 厘米作为走道和排水沟。地畦挖好后先灌一次大水，水渗后，在畦底和周围撒一层石灰消毒，再在畦底铺少量表土。将发好菌丝的菌袋全部剥去塑料袋，将脱袋后的菌袋整齐地排入畦床，菌袋与菌袋之间留 2 厘米缝隙，然后用消过毒，晒干又调湿的土壤填入菌棒间的缝隙，填平后，再铺一层厚 1～2 厘米的土壤。铺好土壤后即时调节土壤水分，喷水掌握少量多次的原则，喷雾 1～2 天，将土调湿。然后再铺垫一层直径 0.3～0.5 厘米的粗砂砾或稻草段。在坑北侧和坑中部立两道横杆，中部横杆距地15 厘米，北侧横杆距地 25 厘米，在横杆上搭塑料布和草帘，4 月份以前北部塑料布直铺到地上，并用土压紧，东西两侧留排气孔。出菇时温、湿度、光线、空气的调节标准参考不覆土栽培。覆土栽培，因为有覆土层保护，湿度易于调节，同时 4 月份以后可以揭膜通风，又能保证子实体对氧气的需求。

四、采收

当灰树花的扇形菌盖外缘无白色生长点，边缘变薄，菌盖平展，伸长，颜色呈浅灰黑色，整朵菇像盛开的莲花，并散发出浓郁的菇香时为适宜采收期。采收前一天要停水，采摘时将两手伸平，插入子实体底下，托着菇体，轻轻旋动后向上拔起即可。

思考题

1. 试比较鸡腿菇、巴西蘑菇在生物学特性方面的异同。
2. 巴西蘑菇、白灵菇栽培主要包括哪几个过程？
3. 简述茶薪菇、杏鲍菇和灰树花的主要栽培技术。

第十三章　食用菌病虫害防治

第一节　代料及段木栽培中常见杂菌

一、棉籽壳、粪草、木屑上常见的杂菌

以棉籽壳、粪草及木屑为原料栽培食用菌，常有多种竞争性杂菌伴随发生，它们与食用菌争夺营养，分泌毒素，还能隔绝氧气使菌丝窒息死亡。

（一）绿霉（又名木霉）

1. 病征及发生

该菌可危害多种食用菌，感染的培养料有臭味，初期为白色浓密的絮状菌丝以后逐渐变成淡绿色、深绿色。以分生孢子在空气中传播。在高温高湿的酸性环境下，孢子萌发成菌丝在培养基中定植、蔓延。栽培后 10～15 天，在 25～28℃下危害最重，分解木质素的能力很强，并能分泌毒素。

2. 病原菌形态

绿霉属半知菌亚门、丝孢纲、丛梗孢目、丛梗孢科、木霉属。病菌分生孢子梗从菌丝的侧枝上生出，梗有隔膜，直立，常垂直对生分枝，端部生有分生孢子团，分生孢子无色，卵圆形或球形（见图 13-1）。

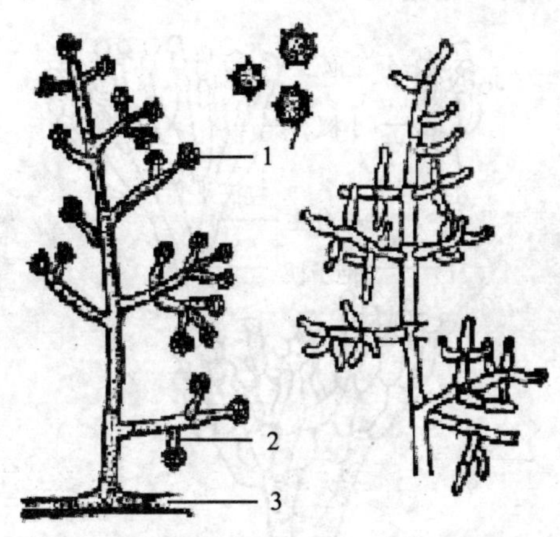

1. 孢子着生状；2. 小梗；3. 分生孢子

图 13-1 木霉

3. 防治措施

（1）菇房四周要进行药剂消毒，培养料可用 0.1%～0.2%多菌灵加 1%石灰拌料。（2）高温多雨季节要注意通风降温降湿，温度不高于 25℃。（3）发生绿霉要及时防治，用 0.2%的多菌灵或甲基托布津效果较好。如已到发生后期，要连同培养料深埋， 再进行药剂处理。

（二）青霉

1. 病症及发生

青霉与木霉相似，可危害平菇等多种食用菌，主要侵染培养基，初期为白色絮状菌丝，不久产生青色孢子，形成淡蓝色至绿色的粉状菌落，边缘色浅。以分生孢子传播蔓延，在通风不良时发生严重。

2. 病原菌形态

属于半知菌亚门、丝孢纲、丛梗孢目、丛梗孢科、青霉属。分生孢梗直立，较粗糙，扫帚状，一至多次分枝，顶端瓶状长出小梗，上面产生成串的分生孢子。分生孢子卵圆形至球形，光滑或粗糙，聚在一起呈青绿色（见图 13-2）。

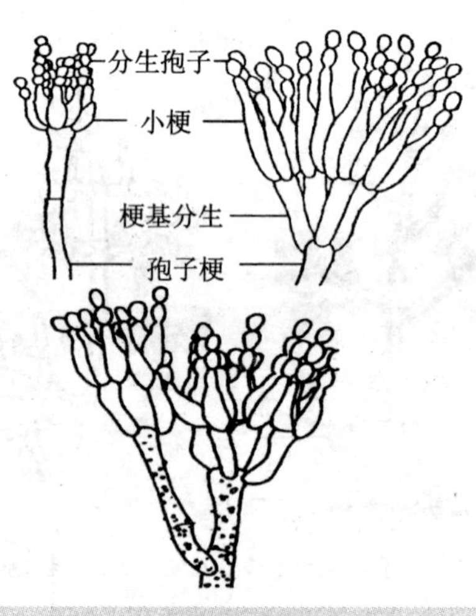

图 13-2 青霉

3. 防治方法

同绿霉。

（三）链孢霉

1. 病征及发生

发生在多种食用菌的菌种内或栽培料中。在棉籽壳及粪草培养基上，菌丝生长疏松，浅黄色，不久即变成鲜艳的橘红色，表面产生大量粉状分生孢子，随空气流动而到处传播，该菌在高温高湿下蔓延极快，多发生在秋季。

2. 病原菌形态

该菌属半知菌亚门、丝孢纲、丛梗孢目、丛梗孢科、丛梗孢属。

病原菌分生孢子梗无色。二叉状或不规则状分枝。分生孢子小而多，球形或近球形，黄色（见图 13-3）。

3. 防治措施

（1）制种尽量避开高温梅雨季节，培养室要经常通风，保持干燥。菇房内温度不要超过 25℃。（2）发现有链孢霉要及时处理。切勿直接对着喷水喷药，以防分生孢子四溅，引起污染。（3）菌种内发现少量链孢霉，用 75%的酒精蘸湿纱布，包着拿到远处埋掉。

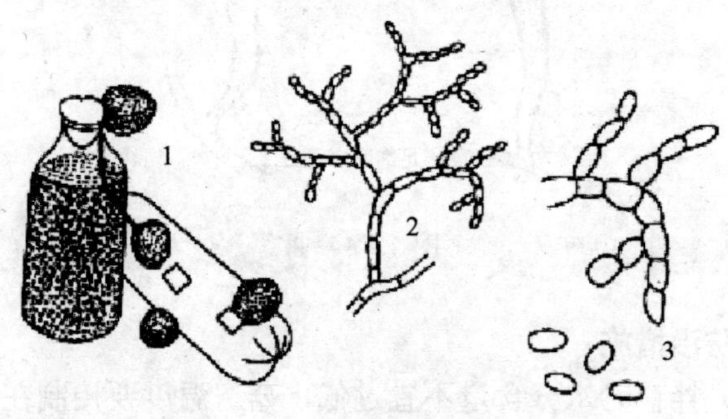

1. 孢子团；2. 分生孢子链；3. 分生孢子

图 13-3　链孢霉

（四）曲霉

1. 病征及发生

有黄曲霉、黑曲霉、白曲霉、烟曲霉等，这里以黄曲霉为例。可危害多种食用菌。发生初期，在培养料表面形成淡黄色菌丝，比其他菌丝粗短，以后渐变成深黄色。该菌多发生在以分生孢子随空气传播，当料温高达 28～30℃，料内含水量低时最容易危害。

2. 病原菌形态

该菌属于半知菌亚门、丝孢纲、丛梗孢目、丛梗孢科、曲霉属。分生孢子梗粗短，顶端膨大成球形或椭圆形，上面长出放射状的分生孢子小梗，单层或双层，分生孢子串生于小梗顶端，作辐射状排列。分生孢子粗糙，球形、黄色（见图 13-4）。

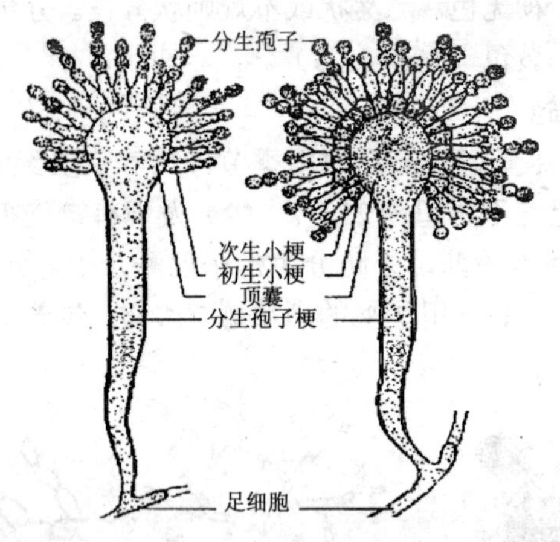

图 13-4 曲霉

3. 防治措施

（1）拌料时水分含量不宜过低，菇房温度要控制在 25℃以下；（2）局部发生可用 80%代森锰锌 1∶800 倍水溶液涂擦或喷雾。

（五）其他杂菌

1. 毛霉

发生在平菇、蘑菇及其他食用菌的制种和栽培中。菌丝初为白色，后变成灰白色，疏松而细长，故又名长毛霉。该菌以孢囊孢子随气流传播蔓延，发生早，接种后 5～10 天，当料内水分太大，通风不良时常大量发生。

2. 粪生梨孢帚霉

可侵染蘑菇、草菇、平菇等，又名白色石膏霉。在料面或覆土表面初期发生为块状浓密的白色菌丝。最后逐渐变成黄褐色，在培养料内往往呈面粉状，有臭味，以无性分生孢子随气流到处传播蔓延，培养料发酵不良，菇房闷热，料偏碱是这种杂菌发生的主要因素。

3. 胡桃肉状菌

主要发生在双孢蘑菇上。最初呈现奶油色，发出一种氯气的刺鼻味。菌丝白色，短而浓密。继而形成像胡桃肉形的粒状杂菌，慢慢变为红褐色，暗褐色。该菌一般发生于覆土后，出菇之前，孢子以气流传播。孢子的抗性很强，耐热（能耐 80℃高温达 7 个小时）、耐干、耐化学药品，可存活很长时间。

4. 鬼伞类

鬼伞类主要危害蘑菇、草菇等。常见的有墨汁鬼伞、毛头鬼伞和粪污鬼伞。主要发生在培养料发酵期，生长迅速。初期菌伞较薄，椭圆形，灰白色。菌丝初为灰褐色，后变为黑色。菌柄细长中空，无菌环，孢子黑褐色。鬼伞可自溶，流出黑色汁液。

防治可参照绿霉。

（六）代料栽培杂菌的防治原则

1. 预防为主

在栽培袋制作过程中，要严格做到如下几点：选用优质聚乙烯塑料筒袋；木屑粗细适当，配方合理和含水量适中，封口严密；料袋搬运动作要轻，以防刺破袋子；料袋灭菌要彻底，袋大应适当延长灭菌时间；接种过程无菌操作规范化；接种后菌袋在石灰浆中蘸一下，以减少杂菌污染的通道。

2. 药物防治为辅

托布津、苯来特及多菌灵，对除毛霉外的其余四个属杂菌抑制效果较好。由于这三种药物的分解点均在 178℃以上，即使高压灭菌也不会分解失效。多菌灵、托布津在平菇中已广泛采用。高温季节制香菇菌袋时，添加 0.1%的多菌灵可大幅度降低污染率。但这三种农药对胶质菌类如木耳、银耳、猴头菌具有较强的抑制作用，不能选用。多菌灵和托布津使用浓度为 0.1%～0.2%。使用时先和麦麸或米糠混合均匀，再和其他原料拌匀，可降低污染率。菌袋生产主要靠灭菌彻底和无菌作规范化来保证成功率。药物防治只在栽培袋万不得已时才采用。

3. 及时检查处理

勤检查，发现污染迹象及时处理。污染初期可立即回炉灭菌或拆袋，拌上新料，重装袋，灭菌后重接种。少量局部污染可在污染孔附近用注射器注入 1%甲醛或 75%酒精，以抑制杂菌蔓延。后期若发现菌袋严重污染，可挖坑深埋。

4. 生态防治

栽培袋制作期应尽可能与各种杂菌的最佳生态条件错开，以减轻污染。如控制温度和湿度，以便接近所培养菌的最适温、湿度，以及适当降低麦麸等氮素物质用量。

二、段木栽培中常见杂菌

（一）常见杂菌

1. 栓菌类

为害食用菌段木的栓菌有多种，常见的为红栓菌、血红栓菌、玉带栓菌、肉色栓菌、毛栓菌、香栓菌、大白栓菌、皱褶栓菌等、属于担子菌亚门，层菌纲，多孔菌目、多孔菌科。

红栓菌又称红菌子，当年秋季子实体露红，第二年 4—9 月间长成，阳光直射的段木发生多，菌丝生长快，生长温度范围在 10～50℃之间，适宜温度为 35～40℃，菌盖扁平，半圆形或扇形，基部狭小，无柄，橙色至红色，后期褪色，无环带，无毛或有微细绒毛，有皱纹、大小为（2～8）厘米×（1.5～6）厘米，膜厚 5～20 厘米，菌肉橙色，有明显的环纹，菌管口红色，每毫米 2～4 个。孢子柱形，光滑，无色或带黄色（见图 13-5）。

2. 革盖菌

革盖菌属于担子菌亚门，非褶菌目，多孔菌科，革盖菌属。主要有彩绒革盖菌、鲑贝革盖菌、毛革盖菌和单色革盖菌等。最常见的是彩绒革盖菌（见图 13-6），又叫云芝。受害段木最初表面出现米粒大小的白色菌丝块，然后进一步扩大，菌盖革质至木栓质，无柄，半圆形，扁平，常呈覆瓦状，宽 1～5 厘米，厚 1～3 毫米，较薄，菌盖下面有灰白色沉淀物，有许多菌管，引起白腐，高温高湿通风不畅，没有树枝遮荫时这种菌害发生就严重。

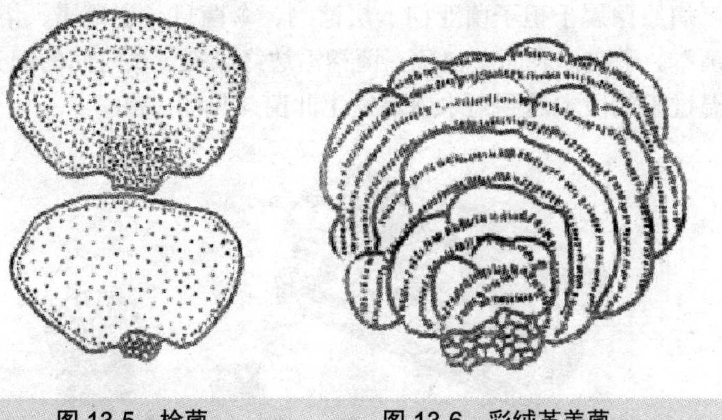

图 13-5　栓菌　　　　图 13-6　彩绒革盖菌

3. 炭团菌

1. 截头炭团；2. 炭包

图 13-7　炭团菌

为害段木的炭团菌（见图 13-7），最常见的是截头炭团菌，其次有乳突炭团、红炭团，属于子囊菌亚门，球壳菌目，炭棒科，炭团菌属。子囊壳近球形，直径 0.8～1 毫米，顶端平截形成圆盘，中央有瘤状孔口，子囊圆筒形，子囊孢子单行排列，栗褐色，椭圆形，子囊孢子萌发温度范围为 8～40℃，适温为 24～28℃，菌丝生长温度范围为 7～45℃，适温 30℃左右，该菌对发生的环境条件要求不严，在高温、高湿的条件下则容易发生，主要靠子囊孢子和分生孢子借空气传播危害。

4. 裂褶菌

病原菌属于担子菌亚门、层菌纲、伞菌目、裂褶属、俗称“鸡毛菌”。子实体表面灰白色，菌褶沿边缘纵裂。长时间的阳光直射，高温过干的段木遇到雨水就易发生此菌（见图 13-8）。

图 13-8 裂褶菌

5. 杂色云芝

病原菌属于担子菌亚门、层菌纲、多孔菌目、多孔菌科、云芝属。菌盖半圆形，有紫色环纹或白色轮纹，表面有细绒毛，背面黄白色，叠生，无柄，革质。该菌对 2～4 年的菇耳木危害大，能使树木白腐。

6. 薄黄褐孔菌

病原菌属于担子菌亚门，层菌纲，多孔菌目。多孔菌科，褐孔属。子实体初期为深黄色垫状组织，成熟后长出半圆形黄褐色菌盖，叠生，似斧口状。背面灰黄色，着生绒毛。菇场潮湿，通风不良的条件下容易发生。

（二）防治措施

（1）砍伐的段木要堆放 30～45 天，使段木含水量降至 40%～50%。在截段、运输、接种时都要轻拿轻放，避免损伤树皮，断面要涂 5%的石灰水或石蜡。

（2）段木栽培场地应选在地势高燥，通风良好，排水方便，七分阴三分阳的地方。场地周围一切枯枝落叶，腐木应该清除烧掉，尤其是前几年的废段木绝对不能堆放在场边。场地用石灰水或石灰硫磺合剂喷雾消毒，减少菌源。

（3）选用优良的纯菌种，注意接种人员和用具的清洁卫生。接种期要选在早春至春末（2 月中下旬至 4 月中旬），尽量提前，因为气温稍低，香菇和木耳的菌丝能正常生长，杂菌生长缓慢，断面和死节周围要增加接种穴，让食用菌迅速占领地盘，抑制杂菌发生。木段接种前一周用 5%石灰水或 50%多菌灵 800 倍液浸 2 分钟，杀灭表面带菌。

（4）加强科学管理。菇木接种后，前期保温为主，中、后期及时翻堆，以保温微通风为主，防止菇木过湿或过干。经常巡视菇场，防止遮荫物因刮风而吹落，使阳光直射菇木。冬天加大菇场通风量，防止菇木过湿。夏季避免阳光直射菇木，割除菇场周围的杂草。

（5）及时防治杂菌。经常检查菇木，一旦发现杂菌，要及早处理。除尽杂菌子实体和菌丝，然后用 5%生石灰水涂抹，如用 0.1%苯来特稀释液涂抹效果更好。感染面积超过 80%以上的菇木要及时烧毁，感染面积 50%左右的菇木要与出菇的菇木隔离。

第二节 食用菌子实体上常见病害

一、真菌性病害

（一）褐腐病

1. 病原及发生

该病又名水疱病。病原菌属于半知菌亚门、丝孢纲、丛梗孢目、丛梗孢科、疣孢霉属。主要危害蘑菇、草菇等。分生孢子梗短而直立，轮枝型，分生孢子无色。厚担孢子端生，双细胞，褐色，上部细胞较大，表面有刺或瘤，球形；下部细胞光滑，半球形。病菌孢子由昆虫或气流传播，经覆土带入菇房，高温高湿、通气不良的条件下有利于疣孢霉的发生和迅速蔓延。

2. 病征

被侵染的子实体，初期在菇盖上呈现白色絮状的病菌菌丝，子实体畸形，菌柄肿大成疱状，菌盖早熟而小，分不清菌柄与菌盖，呈棕褐色，分泌出褐色的黏液，有腐败气味。

3. 防治措施

（1）覆土材料要严格进行消毒灭菌，加强通风换气。

（2）发病后，要停止喷水，加强通风，将温度降至 15℃以下，清除感病子实体，喷洒 1∶800 倍多菌灵或甲基托布津。

（二）褐斑病

1. 病原及发生

该病又叫干疱病。病原菌属于半知菌亚门、丝孢纲、丛梗孢目、丛梗孢科、轮枝菌属。分生孢子梗直立，孢子椭圆形或卵形，无色或略带褐色。分生孢子借气流传播，也可通过昆虫或人为传染，高湿是该病流行的主要因素。

2. 病征

多发生在双孢蘑菇上。发病初期在菌盖上产生许多很小的点状褐斑，以后渐大并凹陷，上面产生大量灰白色病菌菌丝。后期侵染菌柄，常使菌柄加粗变褐，外层干裂，无液体溢出。

3. 防治措施

菇房要加强害虫的防治；菇房温度控制在 20℃以下，病区周围进行隔离；病菇周围喷 2%甲醛或 500 倍多菌灵液、1 000 倍百菌清液；覆土材料预先消毒；及时摘除病菇并烧毁。

（三）软腐病

1. 病原及发生

该菌属于半知菌亚门、丝孢纲、丛梗孢目、丛梗孢科、指孢霉属。主要危害双孢蘑菇。分生孢子多细胞、无色。病菌腐生，以分生孢子靠气流或人为传播，覆土过于潮湿及菇房低温高湿时对其发生有利。

2. 病征

发病时覆土周围先出现白色病原菌菌丝体，以后变成水红色。子实体感染后逐渐变为褐色，最后腐烂。

3. 防治措施

加强卫生管理，防止覆土带菌和病菇杂菌的扩展蔓延；减少床面喷水，加强通风，降低土面和空气相对湿度；发病处可撒一层生石灰粉，或喷洒2%～5%的甲醛溶液。

（四）猝倒病

1. 病原及发生

该菌主要危害蘑菇、平菇、银耳等，属于半知菌亚门、丝孢纲、丝梗孢目、瘤座孢科、镰孢霉属。分生孢子梗单生或丛生，分生孢子无色，有两种类型：大型孢子多细胞，两端弯曲；小型孢子单细胞，卵形或长圆形。分生孢子由气流传播，栽培料为主要初侵染来源，高温高湿、通风不良的情况利于发生。

2. 病征

子实体感病后，菌柄髓部萎缩，变为褐色，菌盖颜色发暗，矮小不长，最后僵化而死亡。

3. 防治措施

栽培料和覆土要进行消毒，栽培阶段加强通风，及时清除病菇；药剂防治，用800倍多菌灵或甲基托布津喷洒。

（五）红银耳

1. 病原及发生

该菌主要侵染银耳，属子囊菌亚门、半子囊菌纲、酵母目、隐球酵母科、红酵母属。单细胞，黄色或红色，有时会相互连接成假菌丝。常生长在有糖的环境中，借气流传播，高温高湿下危害严重。

2. 病征

银耳在生长过程中，感病子实体变红、腐烂，最后失去再生能力。发病区往往连年发生。

3. 防治措施

出耳期避开 25℃以上高温，老耳棚及所用工具要做好消毒灭菌工作，注意用水和环境卫生，一旦发生红银耳后，要及时刮除病子实体，喷洒 25%多菌灵 500 倍溶液，或 20%甲基托布津 1 000 倍溶液，或每毫升含 100～200 单位的链霉素药液。

二、细菌性病害

（一）细菌斑点病

1. 病征及发生

该病又叫锈斑病，危害蘑菇、平菇等，由托兰氏假单胞杆菌引起。感病后菌盖初期出现水渍针尖状小点，渐渐扩大成黄褐色小斑，后期凹陷呈暗褐色，湿度大时溢出黏稠的菌液。凹斑深入菌盖，但不超过 3 毫米。若浇水过多，空气相对湿度接近饱和，菌盖上凝结水分，室内外温差大时，往往发生严重。溅水是细菌传播的主要方式。

2. 防治措施

尽量早晚喷水，以减少温差；不要使菌盖表面积水和料面过湿，加强通风；喷洒 400×10^{-6} 容积比的链霉素或土霉素，或 0.03%的漂白粉有较好的防治效果。

（二）干腐病

1. 病征及发生

该病由假单胞杆菌引起，主要危害蘑菇。发病后子实体畸形、茶褐色，菌盖歪斜，菌柄基部膨大，内部组织变成暗褐色，逐渐萎缩，干枯僵硬。病菌主要沿着蘑菇菌丝传播蔓延。

2. 防治措施

目前主要采用隔离措施，防止病区与无病区之间菌丝的连接，杜绝病害的蔓延。

（三）细菌性软腐病

1. 病征及发生

该病由假单胞杆菌引起，主要危害平菇、凤尾菇等。感病子实体初期呈水浸状，渐渐变褐，整个子实体似水烫伤，软腐发黏，有臭味，并有大量细菌溢出。通常在通气不良、空气相对湿度接近饱和，菌盖有积水时发生。

2. 防治措施

合理用水，防止子实体表面长时间处于水湿状态，控制菇房空气相对湿度不超过 95%，每次喷水后要注意通风换气。人防地道、窑洞要有通风设施；发病初期，可喷 50%多菌灵 1 000 倍溶液，或每毫升 200 单位的链霉素；及时清除病菇，防止传播蔓延，做好对菇蚊、菇蝇的防治工作。

三、病毒性病害

（一）病原

病毒是一种非细胞形态的生物。它由核酸和外面的蛋白质衣壳所组成。病毒没有独立代谢的酶体系，只能寄生在其他生物的活细胞中。其个体极小，只有放在电子显微镜下才能看到。

（二）病征

主要危害蘑菇、平菇等。受害子实体细长，早现菇蕾，菌盖小而歪斜，有时因发育受阻而呈现矮化或其他畸形。感病后菌丝退化，浅黄色，子实体表面及组织内部变褐，菌盖及菌柄处有不规则条斑，并往往有水状黏液物，菌褶软腐。上述症状有时单独出现，有时同时出现。

（三）传播

传播途径主要有三个方面：一是由气流传播带有病毒的病菇孢子，这是主要的传播方式；二是由昆虫和不清洁的材料、工具；三是蘑菇菌丝传播。

（四）防治措施

1. 注意清洁卫生，培养料灭菌要彻底，及时清理蘑菇碎屑及废料，所用工具应保持清洁。

2. 选用优良菌种，不用病菇分离的菌种。接种前所有木制器具，均应喷洒 0.5%～1.0%碳酸钠和 2%五氯酚钠溶液消毒，发病后用此药浓度要加倍，并进行浸泡，再用清水清洁。

3. 栽培前用甲醛熏蒸消毒，接种后用 2%甲醛消毒工作通道。

4. 选用抗病耐病品种。新老菇房保持适当距离，防止病毒相互传染。

第三节　食用菌害虫及其防治

一、昆虫类害虫

危害食用菌的昆虫主要为双翅目、鳞翅目和弹尾目。其中双翅目数量最大，种类较多，危害严重。

1. 眼菌蚊（别名菇蝇、菇蛆，双翅目，眼菌蚊科）

（1）形态。卵为圆形或椭圆形，光滑，白色，半透明，长为 0.20～0.27 毫米。幼虫半透明或白色，有极明显黑色头壳，长 6～7 毫米；蛹长为 2～2.5 毫米，初为白色，后逐渐成黑色（见图 13-9）。

雌虫体长约 2.0 毫米，雄虫长 3.0 毫米，每头雌虫产卵 100～200 粒。具有趋光性。在 15℃以下为 9 天。

（2）危害。眼菌蚊可以危害所有食用菌，特别是蘑菇、银耳、平菇、凤尾菇。幼虫取食菌丝，引起萎缩。危害子实体，常从基部开始钻蛀，一直钻至菌盖，在菇柄及菌盖内蛀食留下肮脏的虫道，使菇体失去商品价值。成虫不危害子实体，但会携带病原菌、螨类和线虫。凤尾菇被害时，子实体渐变枯黄、腐烂，并有腥臭味。木耳类被害时，被蛀食的耳片，出现鼻涕状烂耳，接着可引起细菌交叉侵害，使耳片消融，造成“流耳”。

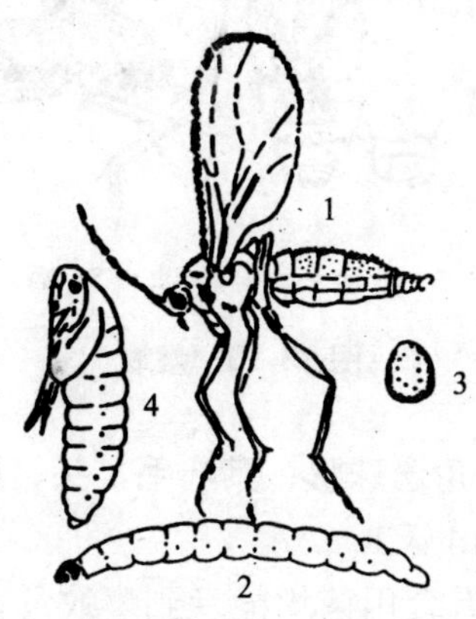

1. 成虫；2. 幼虫；3. 卵；4. 蛹

图 13-9　眼菌蚊

（3）防治。①清洁环境，封闭门窗。成虫多从菇房外飞入，所以首先要搞好环境卫生，菇房门窗装纱网。②诱杀成虫，菇房内装黑光灯或普通白炽灯诱捕成虫。灯下置一盘废菇或废料浸出液，加上几滴敌敌畏诱杀，连续数日后可大大降低虫口数。③药剂防治。用 2.5%的敌杀死 3 000 倍溶液喷雾，但子实体采收前 7 天内禁用。种菇前用磷化铝熏蒸，每间房 6～15 克，密闭 1～2 天。④浸泡杀虫。平菇等食用菌采收二茬后，结合补水，将菌袋浸泡 12～24 小时，能使培养料内幼虫因浸泡窒息而死。

2. 瘿蚊类（别名瘿蝇、小红蛆、菇蝇、菇蚋等。属双翅目，瘿蚊科）

（1）形态。卵初产为白色，渐变淡黄色，卵长 0.25～0.5 毫米，老熟幼虫为米黄色或橘红色，体长 2.9～3.6 毫米，多为无性繁殖，无性繁殖以幼体生殖方式进行。蛹初期头、胸部白色半透明，腹部橘红色，体长1.3～1.6毫米（见图13-10）。

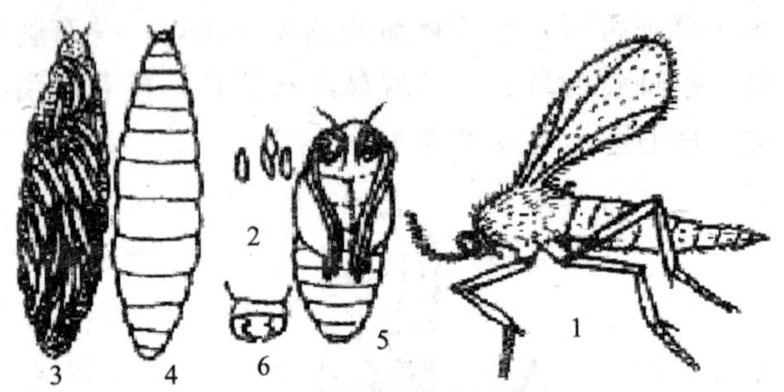

1. 成虫；2. 卵；3. 母幼虫；4. 幼虫；5. 蛹；6. 雄虫抱握器

图13-10 瘿蚊

成虫小蝇状，触角念珠状、具环毛，头、胸部黑色，腹部和足橘红色。世代为8～14天。

（2）危害。所有食用菌均能受到瘿蚊危害，其中蘑菇、平菇受害最为严重。瘿蚊侵入后，幼虫在栽培料和覆土层间繁殖取食菌丝，钻蛀子实体，引起烂菇，有时聚集在菇柄和菌褶交界处，使子实体失去商品价值。

（3）防治。①用纱网封住门窗，防止成虫飞入菇房。②有效的后发酵可杀死全部幼虫。③药剂防治，可以用2.5%敌杀死稀释3 000倍液喷雾，或用敌敌畏、乐果800倍液喷雾。但子实体采收前7天禁用。

3. 菇蝇类（常见种类有蚤蝇和果蝇等）

（1）形态。卵椭圆形，白色至淡黄色，幼虫为蛆形，初期白色，老熟时虫体黄色；蛹为长椭圆形；成虫淡褐色，体长2～5毫米，触角3节，具芒羽状，头大复眼红色。

（2）危害。同眼菌蚊，是双孢蘑菇的主要害虫，也危害平菇、银耳、木耳。是代料栽培中常见的害虫。幼虫从子实体基部钻蛀，菇蕾受害后，颜色变褐，枯萎腐烂。幼虫也取食菌丝。

（3）防治。①搞好环境卫生，减少虫源。②封闭门窗，防止成虫飞入产卵。③诱杀成虫，用酒：糖：醋：水=1∶2∶3∶4 配成诱杀液，加适量敌敌畏，置于灯下诱杀成虫。④药剂防治可参照菇蚊类。

4. 跳虫类（属弹尾目）

跳虫是小型低等昆虫，腹部有一弹器。主要危害蘑菇、平菇、草菇及香菇。栽培中较常见的种类为紫跳虫和黑角跳虫。

（1）形态。卵为白色球形，半透明，产于蘑菇栽培料内或覆土层上。幼虫色较白，体形和成虫相似，成虫暗灰黑色，体长 1 毫米，带有短状触须，无翅。它常在栽培料或子实体上跳跃前进。

（2）危害。在 20～28℃时大量发生，取食菌丝体，严重时成千成虫聚集于接种穴周围。有些种类的跳虫，还取食子实体，钻进菇柄和菇盖中，造成孔洞，降低商品价值。凤尾菇、香菇受跳虫危害时，菌褶上出现红褐色斑点。成虫一旦受惊，将从菇体上跳离，躲入潮湿阴暗的角落聚集成堆。跳虫还会携带病原菌及病毒。

（3）防治。跳虫是栽培环境潮湿、卫生条件极差的指示害虫。防治以预防为主，改善栽培场所卫生条件，防止栽培场所积水过湿。跳虫不耐高温，蘑菇栽培料进行二次发酵是一项有效的防治措施。子实体形成后，若发现该害虫，可喷 200 倍除虫菊酯。床面无菇时，可喷洒 0.4%敌百虫或 0.2%乐果乳剂，也可用 1 000 倍敌敌畏加少量糖蜜诱杀。

二、螨类（别名为菌虱、红蜘蛛，属蛛形纲、蜱螨目）

1. 形态

（1）粉螨。体近椭圆形，白色或黄白色，肉眼很难看到，背及足上长有棕色刚毛，大量发生呈白色面粉状。该螨对菌丝危害严重，常把菌柄及菌盖吃成孔洞。

（2）根螨。形态与粉螨相似，体白色透明，着生有褐色刚毛，但比粉螨的刚毛短，料内潮湿有利发生。能完全破坏菇床里的菌丝。

（3）跗线螨。体有光泽，黄色至褐色，呈椭圆形，细小，常在料上或菇上群集，呈褐色粉末。此类常危害幼菇。

（4）红辣椒螨。体形细扁，红褐色，尾部方形，体及足上有很细的刚毛，聚在一起呈红辣椒色。它们取食各种杂菌及菇类菌丝，对子实体危害不太严重。

2. 危害

螨类是食用菌制种和栽培中发生普遍、危害严重的一类害虫。它们常将菌丝吃退，将子实体蛀成孔洞，还大量传播绿霉等杂菌孢子。

螨类喜欢栖息在潮湿的环境，在25～28℃的温度下繁殖迅速，有群集危害性。菇房消毒不彻底，周围靠近鸡窝、粮仓，环境不清洁，是螨类侵入的主要途径。菌种和培养料带螨，是其侵入的又一途径。

3. 防治

以防为主。首先搞好环境卫生，杜绝螨类的栖息与繁殖。菇场内严禁饲养家禽。米糠等原料堆积场所尽可能干燥、通风。培养架脚点施5%氯丹粉，蘑菇菌种瓶棉塞点放5%氯丹粉。若有大面积发生，用磷化铝熏蒸或在菇房进料前用硫磺或敌敌畏熏蒸。

蘑菇栽培前发酵翻堆要均匀，搞好后发酵是预防螨类滋生的有效措施。原料在太阳下暴晒2～3天，可杀死其中的若螨及卵，拌料时可加入1 000倍的20%三氯杀螨砜。

磷化铝片是当前防治食用菌害虫特别是螨类的一种较为理想的熏蒸剂。每立方米空间使用的剂量约为10克，视虫害轻重及菇房密闭程度增减。磷化铝吸湿分解出具有杀虫力与扩散渗透力很强的磷化铝气体，熏蒸24～48小时可以杀死菇螨、菇蝇、蚊瘿及跳虫等，熏蒸72～96小时对线虫亦有杀伤力。

磷化铝对人体及热血动物有剧毒，因此必须遵守使用的有关规定，以确保安全。

采用上海农药厂生产的菊乐合酯1 500倍液喷雾，防治效果也较好，并可兼治红蛆，每平方米用稀释后药液25毫升。

三、线虫（属于线形动物门、线虫纲、小杆目）

1. 形态

目前所报道的食用菌线虫，有寄生线虫和腐生线虫两大类。主要是滑刃线虫、双垫刃线虫和小杆线虫。线虫极微小，只能在显微镜下才能观察到（见图13-11）。

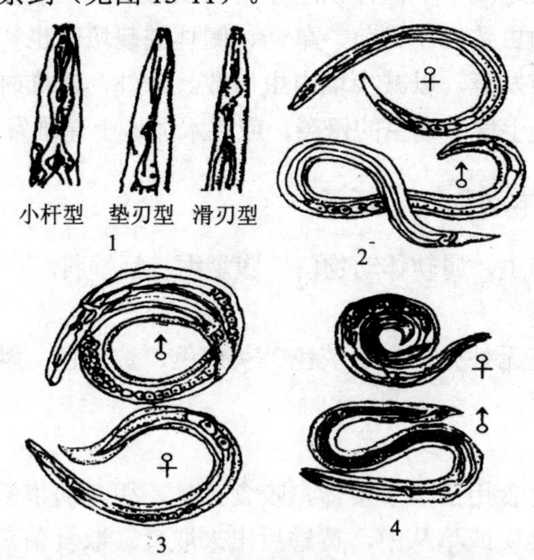

1. 线虫食道类型；2. 噬菌丝茎线虫；3. 堆肥滑刃线虫

图 13-11 线虫主要的种及食道类型

2. 危害

所有食用菌均能被侵害。侵害后子实体腐烂，产生特殊的腥臭味。银耳、黑木耳受害后，耳片呈流鼻涕状，最后消融。

侧耳类受害，可造成大幅度减产。使子实体软腐呈水渍状，黄褐色。子实体内线虫数量较多。受害越早影响越大。

危害蘑菇，使菌丝生长稀疏，后期使床面部分下陷，常呈湿斑，有一股特别的药味。幼蕾受害，不断大量死亡。子实体受害，常呈褐色，有一股难闻的腥臭味，挤出液汁，在显微镜下可见到线虫及虫卵；严重时，肉眼可见到腐烂的子实体组织有白色的线虫活动，为无色透明的小蠕虫，长1毫米。

3. 防治

线虫传播途径很多，不洁的水源、覆土、各种害虫等都可传播。因此防治上，首先要注意使用干净的水源，覆土要进行药剂处理，注意防治各种害虫。线虫不耐热，40℃以上即死亡。进行正确的前、后发酵能有效地减少单位体积培养料的虫口数，并使躲藏在栽培床架缝隙间的幼虫致死。目前，草菇、侧耳类栽培时也往往将培养料预先进行建堆发酵，以减少堆内虫口数。此外，建堆时随意在泥地上进行，易受土壤中线虫的侵袭，应在水泥地上建堆发酵。

四、软体动物——蛞蝓

别名鼻涕虫，属软体动物门，腹足纲，蛞蝓科。

1. 形态

虫体裸露无外壳，有暗灰色、灰白色、黄褐色，触角两对，尾部有短的尾嵴。

2. 危害

危害所有食用菌类子实体，咬食菇体，引起病害侵染。白天潜伏在潮湿的缝中或草丛中，黄昏后出来取食。取食菌盖或耳片，造成耳孔，并于所过处留下一道银白色黏液。

3. 防治

（1）经常清除场地的垃圾和杂草，保持清洁干燥，破坏其隐蔽场所。

（2）进行人工捕捉。或在其经常活动处，撒上生石灰或高锰酸钾粉。

（3）毒饵诱杀。用砷酸钙 0.5 千克，加麦麸或切碎的青草 25 千克，撒于菇场周围诱杀。

（4）药剂防治。用灭蛭灵800～1 000倍喷洒。

思考题

1. 代料栽培中常见哪些类型的杂菌？请分析发生的原因，拟订防治措施。

2. 分析栽培袋发生污染的原因，并提出防治措施。

3. 粪草生菇类栽培时常见的杂菌有哪些？分析原因并提出防治方法。

4. 食用菌栽培中常见的害虫有哪些？提出有效的防治措施。

第十四章 食用菌贮藏与加工

新采收的食用菌，含有大量的水分（为 90%左右）和多种酶，组织嫩脆，在采运过程中极易造成损伤；同时采后生命活动旺盛，易受微生物侵害，会出现老化、褐变、萎缩、软化、腐败、产生异味等现象，从而导致质地、颜色、形态、营养成分及气味的变化，失去食用价值和商品价值。因此，食用菌的贮藏与加工已成为继续发展食用菌生产的关键。食用菌的贮藏与加工就是利用物理、化学或生物方法，抑制或破坏酶的活性，使子实体的各种代谢活动降至最低限度，以保持新鲜产品的品质，达到延长货架寿命的目的。

食用菌通过加工可增加花色品种，扩大消费范围，提高经济效益，对促进食用菌产业的发展，发展农村经济，都具有重要意义。食用菌加工品在我国工业中，尚属新产业，没有专门的分类标准，按照食用菌加工方法的不同，可分为：干品类、盐渍类、罐头类、饮料、调味品类、果脯、医药保健品类和美容制品等。

第一节　鲜菇的贮藏

一、鲜菇贮藏原理

离开培养料的鲜菇，仍然是活的有机体，各种代谢活动强烈，呼吸旺盛，因体内的营养物质大量消耗而导致衰老。菇体内氧化酶活性的加剧，是引起变色的主要原因。刚采下的鲜菇，由于菇体含水量高，表面没有明显的保护结构，水分极易蒸发，生理上极易变质老化；同时菇体组织结构的特点又使它容易遭病虫侵染和机械损伤，引起腐烂变质。为此菇类的贮藏保鲜，主要是通过降低环境温度，适当降低空气中氧的浓度或提高二氧化碳浓度，抑制呼吸作用，减少营养物质消耗，以保持品质风味。提高环境湿度，以防失水老化。采收前后应严防病原菌感染，做好贮运场所、器具等的消毒工作，亦可通过化学防腐剂处理，提高保鲜性能。食用菌的保鲜主要有冷藏、气调贮藏、辐射贮藏、减压贮藏和化学贮藏等方法。

二、保鲜方法

1. 低温保藏

温度是影响鲜菇呼吸作用的重要因素。在一定范围内，随着温度升高，酶的活性、呼吸作用及后熟老化作用等都加强；反之，鲜菇的各种代谢则减缓。如双孢蘑菇在 10℃时呼吸产生的热量是 0℃时的 3.5 倍。因此低温保藏是食用菌保鲜的一项有效措施。

低温保藏是在接近 0℃时，采取冰藏或机械冷藏来贮藏食用菌的一种方式。要求贮藏期间温度稳定，不宜多变。贮温过高，代谢加强，衰老腐烂加重加快。贮温过低，产生冷害，因而适宜的低温是一个最基本的因素。除少数食用菌外，一般食用菌的适宜冷藏温度是 0～6℃，空气相对湿度 85%～90%。低温贮藏的效果与预冷和进入冷藏的时间有密切的关系。因此采收后要尽快将其温度降低到规定的范围。如果延迟降温，鲜度品质一旦下降，就不可能再恢复。

预冷后应尽快进入冷藏。把食用菌从采收、运输到贮藏形成一条冷链，这样方能达到预期的贮藏效果。

食用菌大批量贮藏可以在冷藏室、冷藏箱或冷柜中进行，少量贮藏可用冰块或干冰降温。冷藏时，食用菌适宜采取 10 千克以内的小件包装，堆码厚度应不超过 15 厘米，件与件之间应留有一定空隙。食用菌不能同时与水果蔬菜混藏，因为水果蔬菜释放出的乙烯会导致食用菌褐变。

常用冷藏的方法有两种：

（1）冰藏。是利用冰块融化吸热降温来贮藏食用菌的一种简易冷藏方式。广大菇农常自制冰藏箱来贮运草菇，此法简便易行。制作方法为：在运输车上做个长方形木箱或塑料箱，在箱内铺垫一块塑料薄膜，在膜上放一层厚约 5 厘米的碎冰块，盖上小竹帘，箱子中间再放一塑料袋冰块，四周堆放草菇（70%～80%），将四周薄膜向内折叠，上面再盖一层薄膜，薄膜上盖 5 厘米厚的碎冰，盖上木盖。最后在木箱的外面包一层塑料泡沫，减小箱内外热量的交换。可明显降低鲜菇的开伞率。

（2）机械冷藏。是借助制冷机械来降温保藏。贮藏期间要经常检查，同时要调节好室内或箱内空气的湿度。即使在低温下也不宜久藏，贮藏时间最好控制在 7 天左右。

2. 气调贮藏（CA 贮藏）

气调贮藏是调节气体成分贮藏的简称。它是通过适当降低环境中 O_2 的浓度，提高 CO_2 浓度，抑制食用菌的呼吸作用，延缓衰老。目前多将气调与冷藏结合使用，以达到保鲜的目的。不同品种的鲜菇，对环境中空气组分要求不同。据报道香菇在 20℃，O_2 浓度为 1%～2%，CO_2 浓度为 40%，N_2 浓度为 58%～59%时可保藏 8 天；蘑菇在 0～3℃，相对湿度 95%～100%，O_2 浓度为 1%～2%，CO_2 浓度为 5%～25%时可保藏 7 天以上。

在调节气体比例时，O_2 和 CO_2 的浓度配比要适当，O_2 浓度过低或 CO_2 浓度过高，会导致菇体 CO_2 中毒，加重无氧呼吸。同时，从封闭时的正常空气组成到达到要求的气体指标，有一个降 O_2 和

升高 CO_2 的过程，此过程越短越好。通常将气调分为自发气调和充气气调。

（1）自发气调。将鲜菇贮藏在一定透气性的薄膜容器内，利用菇体自身的呼吸作用使 O_2 浓度下降，CO_2 浓度上升。目前使用较多的是透气性塑料薄膜袋和硅窗气调袋。此法简单易行，但 O_2 降低的速度慢，有时效果不显著。

用塑料袋保鲜食用菌目前最为常用。如每袋装 0.5 千克平菇，室温下可保鲜 7 天；如在塑料袋内加保鲜剂贮存金针菇，可保鲜 10～15 天；若在冰箱内保存还可延长保鲜 3～5 天。

（2）充气气调。即人工降低氧气浓度的方法。可采取充二氧化碳、充氮气法，抽气和充氮气相结合的方法等。人工降氧法比自然降氧法效率高，但所需设备投资大，成本高。

3. 辐射贮藏

辐射贮藏，是利用放射性元素钴和铯放射出的 γ 射线照射鲜菇，产生辐射生物效应，抑制呼吸作用，抑制鲜菇开伞，延缓老化、变色，杀死或抑制腐败微生物和病原菌的活动。辐射贮藏与其他保藏方法相比有许多优点，如无化学残留物，能较好地保持原有的新鲜状态，节约能源，加工效率高，易于自动化生产等，是一种很有前途的物理保藏方法。

据报道，用 250～1 000 戈吸收剂量处理鲜菇，对呼吸作用有显著抑制作用。华南农大用 12.9～18.1 库/千克的照射量处理，对抑制蘑菇开伞有良好效果。用 1 000～3 000 戈剂量处理后，多种氧化酶活性受到抑制，延缓菇体变色。用 5 000～6 000 戈剂量处理，可抑制或杀死微生物。1980 年联合国粮农组织、国际原子能机构、世界卫生组织联合指出，在总吸收剂量为 10 000 戈时，辐射任何食品均无毒害作用。

必须指出，辐射贮藏必须在国家的放射源处进行。

4. 减压贮藏

减压贮藏是把盛有鲜菇的贮藏器内部空气抽掉，造成一定的真空度，同时经压力调节器输入新鲜空气并经加湿器提高湿度。整个系统不断抽气并输入新鲜湿润空气，精确地控制氧浓度和相对湿度，促进组织内乙烯、乙醛等有害气体向外扩散，延缓衰老，防止有毒物质引起的生理障碍和二氧化碳毒害，并能及时排出产品热量，降低贮藏温度，从而延长鲜菇的贮藏期。

5. 化学贮藏

化学药物处理一般是用于食用菌加工前的处理及短途运输。试验表明，多种化学药剂和一些植物激素对食用菌保鲜均有作用，现介绍如下：

（1）盐水处理。将鲜菇用 0.6%的食盐水浸泡 10 分钟，捞出沥干水分，装入塑料袋内。在 15～25℃的温度下，经 4～6 小时，护色和保鲜的效果非常明显。盐水处理的鲜菇通常可保鲜 3～5 天。

（2）焦亚硫酸钠处理。采收的鲜菇，先用 0.01%的焦亚硫酸钠（$Na_2S_2O_5$）溶液漂洗 3～5 分钟，再用 0.1%～0.2%的焦亚硫酸钠浸泡 30 分钟，捞出沥干水分，装入塑料内贮存。在 10～15℃室温下保鲜效果好，色泽可长时间保持洁白，饱满度较好。贮藏温度超过 30℃后，就会逐渐变色。试验表明将焦亚硫酸钠和食盐水混匀浸泡鲜菇，保鲜效果更好。

（3）比久处理。其化学名称为 *N*-二甲胺基琥珀酸胺。是一种植物生长延缓剂。用 0.001%～0.1%比久水溶液浸泡鲜菇，10 分钟取出沥干水分，贮于塑料袋内，在室温 5～22℃条件下，可保鲜 8 天不变色。

（4）激动素处理。在上述焦亚硫酸钠溶液中，加入 0.01%的 6-苄腺嘌呤溶液，浸泡鲜菇 10～15 分钟，取出沥干水分，装入塑料袋内贮存，能延缓衰老，其保鲜效果更好。

三、常见菇类的保鲜贮藏方式

1. 香菇。香菇采收后立即用 0.05～0.08 毫米厚的聚乙烯塑料袋或保鲜纸密封包装，于 0℃保藏。一般可保鲜 15 天。

2. 草菇。将采收后的草菇包装后立即放入冷藏室内，控制温度 1～5℃，空气相对湿度为 85%～90%，可存放 10 天左右。

3. 平菇。将新鲜平菇装在 0.06～0.08 毫米厚的聚乙烯塑料袋中，每袋装鲜菇 0.5 千克。10℃以下可保鲜 7 天左右。

第二节　菇类的干制

干制是脱去菇体中的部分水分，而又尽量保持其原有风味的加工方法。

干制在我国历史悠久，广大菇农在长期的生产实践中，积累了宝贵的经验。干制作为一种加工方法，具有灵活性强，设备可简可繁，生产成本低，技术易掌握，产品营养丰富、保存期长等特点。

随着现代科学技术的不断发展，新的干制技术和干燥设备相继出现，干制工艺和成品质量也在不断提高。

一、干制原理

食用菌的干制就是借助热力的作用，对鲜菇进行脱水，使菇体水分含量降至 12%～13%，使可溶性物质的浓度提高到微生物不能利用的程度，造成微生物因生理干燥而失活，同时也抑制了酶的活性，以达到长期保存的目的。

菇体中的水分以三种状态存在，即游离水、胶体结合水和化合水。游离水又叫自由水，存在于菇体细胞之间，流动性大，含量高，容易蒸发排出。胶体结合水由于与胶体相结合，比游离水稳定，一般不易蒸发，只有当游离水蒸发完全后，才能部分排出。化合水是与其他物质的分子化合在一起的，最稳定，极难蒸发排出。脱水就是脱去全部游离水和部分胶体结合水。

干燥初期，由于温度的升高，表层自由水首先蒸发散失，即水分的外扩散。随着表层水分的散失，表层与子实体内部就形成水分梯度，由于水分梯度的存在，使得内部的水分向外转移，即水分的内扩散。如果前期温度过高，外扩散大于内扩散，表层失水过快，内部来不及转移，就会导致表面结壳，阻碍水分继续蒸发，内部蒸汽压的加大，将造成细胞破裂，汁液流失。后期温度过高，易造成焦化，影响外观和风味。因此干燥时应掌握温度先低后高，缓慢干燥，内、外扩散趋于平衡的原则。

干燥速度的快慢，取决于干燥空气的温度、空气的流动情况、原料的种类和状态（菇体大小、厚薄、含水量、质地）、原料的装载量和疏松程度等方面。

二、干制方法

食用菌干制方法，可分为自然干制和人工干制两大类。

（一）自然干制

自然干制就是利用风吹日晒等自然条件，将鲜菇晒干。此法无需特殊设备，简单易行，节约能源，成本较低。缺点是干燥速度慢，时间长，品质差，常受天气变化制约。若遇阴雨连绵天气，干燥时间延长，品质下降，甚至造成腐烂损失。

晒干的方法是：将适时采收的鲜菇，均匀摆放在晒帘上，晒帘以竹帘、苇帘为好，不能使用铁丝编的晒帘，以防铁锈影响菇体卫生。鲜菇的摆放有一定要求，银耳以耳片朝上，基座靠帘，一朵朵地排放，不能重叠堆积，以免压坏朵形。其他菇类应菇盖朝上，菇褶向下摆放。在有风晴天晒1～2天，进行整靠拼帘，再晒2～3天，把耳座或菇褶向上翻起，直到晒干。

（二）人工干制

人工干制是利用干制设备，用煤、柴、电等作热源，对鲜菇进行脱水干制。与自然干制相比，人工干制不受气候条件的限制，干制速度快，时间短，可防止烂菇现象。同时高温干制破坏了酶的活性，呼吸作用停止，提高了产品质量，色、香、外形均比自然干制好。干制程序如下：

原料选择→装筛→加温烘烤→通风排湿→倒换烘筛→成品包装。

干制设备种类较多，可根据生产规模、生产条件加以选择。

1．简易干燥箱与焙笼

简易干燥箱与焙笼均可自制。简易干燥箱是用砖砌 70 厘米高的底座，箱体用双层木板钉制，木板中间填以锯末或谷壳，作为保温材料。木箱两侧安两扇门，既可通风进气，又可添加燃料。木箱座在砖座上，用白铁皮隔离热源，距热源 40 厘米开始放烤架，烤架间距 15 厘米，架上放烤筛，筛孔不得小于 1 厘米（见图 14-1）。

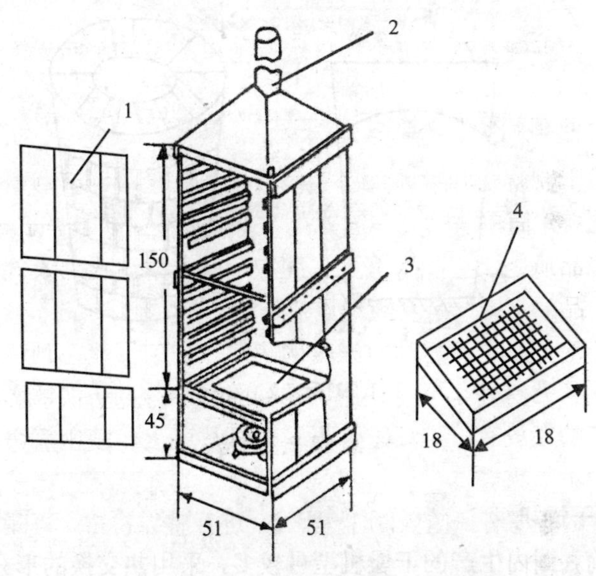

1. 门；2. 排气筒；3. 白铁皮；4. 烤筛

图 14-1　简易干燥箱（单位：厘米）

焙笼用竹篾编织而成，高约 90 厘米，直径约 70 厘米，中间有一托罩，距笼口 30 厘米。笼身用双层竹篾编织，中间夹报纸，以利保温。可用木炭或小电炉作热源。此法适合家庭少量生产。火候不易控制，烘量少，费时费工（见图 14-2）。

2. 烘房

烘房是目前生产中广泛采用的一种形式，适合于大批量干制。其设备费用低，操作管理简便。烘房大小按需而定。升温方式多采取一炉一囱回火升温。炉膛设在烘房一端的中间，烟火沿主火道至另一端后，再从两侧的边墙回到设炉膛一端的烟囱排出。主火道上放镀锌铁皮覆盖，四周用泥糊严。烘房内设多层烤架，每层之间放置烘菇竹筛，层与层距离以容易取出为宜，但最底层距铁皮不能少于 50 厘米。房顶设有排气筒，两侧近地面处留有进气窗，可控制通风量。有条件的可装鼓风机加以通风。

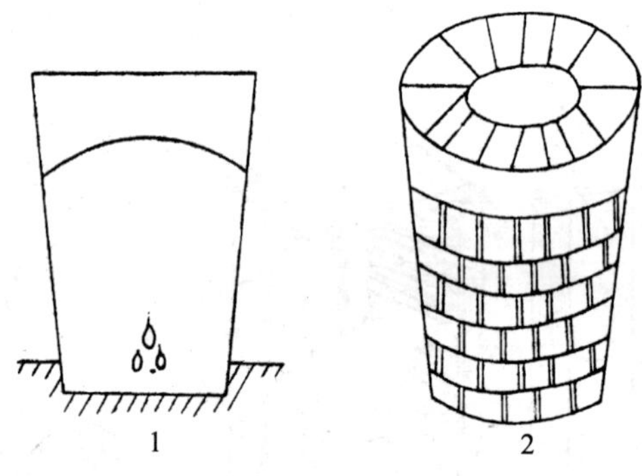

1. 剖面；2. 正面

图 14-2　焙笼

3. 干燥机

目前，国内生产的干燥机型号较多，采用热交换的形式也不同。如福建省农机研究所研究生产的 SHB—30 型食用菌干燥机。该机体积小，效率高，适用于木耳、香菇、竹荪等的干制。每小时可干制银耳 2.5～3 千克，每千克干品干燥成本 0.25～0.30 元。可用煤炭和木材作燃料。

4. 其他干燥法

（1）微波干燥。微波是指频率 300～300 000 兆赫，波长 1～1 000 纳米的高频电磁波。常用的加热频率为 915 兆赫和 2 450 兆赫。微波干燥具有加热均匀，干燥速度快，热效率高，反应灵敏，无明火等优点。但成本较高，烘干量较少。

（2）远红外线干燥。远红外线是指波长 5.6～1 000 纳米的光波区域。能穿透厚的物体，在物体内部产生热效应，使物体的外层和内层同时受热。其他干燥方法，热量一般是从表面逐步向内部传递，所以远红外线干燥的产品质量较好，干燥速度快，效率高，节约能源等。但烘烤量较少，投资成本较高。

（3）冷冻干燥。又叫真空冷冻升华干燥。先把新鲜产品冷冻至冰点以下，所含水分变为冰，然后在较高真空下将水分由固态直接升华为气态，产品即被干燥。例如，将经过清理、洗净的双孢蘑菇放在一个密闭的容器里，经－20℃冷冻后放在高真空下，缓慢升温，经过10～12小时，达到升华干燥。

经冷冻干燥的产品浸在热水中几分钟即可复原，除了硬度低于鲜品外，风味几乎同鲜品没有什么区别。冻干产品质地很脆，必须用坚硬的包装盒包装。冷冻干燥成本高，此种干燥方法的前途取决于产品质量和成本。

三、常见菇类的干制实例

1. 蘑菇片的干制

将鲜菇按照一定规格切成薄片，经烘干脱水制成蘑菇干片。工艺流程如下：

原料选择→切片→护色处理→烘干→包装。

原料选择：选用新鲜，菌盖完整，无机械损伤及病虫害，菇色洁白的等内菇蘑菇。

切片：采后及时用切片机将蘑菇纵向切片，厚度一般为0.3～0.4厘米，均匀摊在烘筛上，尽量不重叠。

护色处理：将切好的菇片浸入0.1%的亚硫酸钠溶液中，浸泡10分钟，然后捞出用清水冲洗干净。

烘烤：初温控制在30～40℃，慢慢烘干，随着水分的减少，温度逐渐提高到50～60℃，时间约6小时。以切片边角不卷起为度，指甲抠不动，抓起来沙沙作响时为合适。含水量降到10%左右即可包装。成品率大体上为鲜菇重的10%～20%。

2. 草菇的干制

将草菇纵切两瓣，菇裙相连。由于草菇产季气温较高，可晒干也可烘干。晒干时将草菇切口朝上，逐个排放，注意翻晒均匀。2～3 天即可晒干。也可以用焙笼放在太阳光下边烘边晒，一般 8～10 小时即可干燥。烘房烘干时，将草菇排放在烘筛上，装进烘房后先用 40～50℃温火烘焙，2 小时后，升到 50℃，70%～80%干时，温度再升到 60℃。每隔一定时间调筛一次，并注意通风换气。直至菇体脆硬，最终含水量为 12%～13%，以用指甲抠菇盖顶部没有明显的痕迹为度。冷却后用双层塑料袋包装。成品率为 10%左右。

3. 黑木耳的干制

鲜耳含水量很高，鲜耳重为干制品的 10～12 倍，因此采后的鲜耳要及时干制，以防腐烂变质。

（1）晒干法。在通风光照良好的场地搭晒架，晒架上铺竹帘或晒席，将鲜耳薄而均匀地摊在上面暴晒，烈日下两天即可晒干。

（2）烘干法。鲜耳采收后，若遇阴雨天，应及时进行烘干。烘房的设计应考虑木耳的生产规模和耳场的条件。简易的办法是在室内搭烘炉，温度保持在 30～35℃。注意通风排湿。有条件也可采用热风机烘干或其他烘干方法。

4. 银耳的干制

鲜耳表面有一层黏滑的胶质，影响水分的蒸发，因此，干制前应先洗净银耳表面的这层胶质，沥干水分。

烘房温度应掌握中间高两头低。即入房 5～8 小时，温度控制在 35～45℃，当银耳含水量降至 30%左右时，温度提高到 50～60℃，保持 6～10 小时，在银耳接近干燥时，耳基尚未干透时，温度降至 35～45℃，直至干透。

5. 香菇的干制

适时采收是保证香菇质量的关键。一般在 80%熟时，即菌盖边缘菌膜已破，菌盖未完全张开，菌褶已全部伸长，并由白色转为黄褐色时，为香菇最适采收期。这种香菇经干制后，色泽鲜艳，香味浓，菌盖厚，肉质柔韧，商品价值高。

（1）晒干法。在晒场上搭晒架，铺上晒帘或竹席，将整理好的鲜菇，菌盖朝上，菌褶朝下进行摊晒，切不可反放。因菌褶纤嫩，蒸发面积较大，当水分蒸发过速时，会引起菌褶发黑、扭曲，从而降低商品质量。直晒到含水量在 12%～13%为止。

（2）烘干法。香菇的香味物质是鲜菇在缓慢烘烤过程中一系列酶的作用下产生的。因此，温度和时间的控制是干制的技术关键。

烘干时，按菇体大小、含水量高低分别摊放在不同高度位置的烘筛上。个大、含水量多的菇，放在上层烘筛上；个小、含水量少的菇，放在下层烘筛上。烘筛上菇的摊放同上述日晒法。

表 14-1　不同天气采收的香菇烘烤技术参数

采摘天气	时间/小时	烘房温度/℃	进风口	排风口
晴天采摘	0～2	35	全开	全开
	3～4	40	全开	全开
	5～8	45	1/3 闭	1/3 闭
	9 小时后	50～55	1/2 闭	1/2 闭
	最后 1 小时	60～65	全闭	全闭
雨天采摘	0～2	30	全开	全开
	3～6	35	全开	全开
	7～8	40	1/3 闭	1/3 闭
	9～12	45～50	1/3 闭	1/3 闭
	13 小时后	50～55	1/2 闭	1/2 闭
	最后 1 小时	60～55	全闭	全闭

初烘温度不可过高，否则菇会被烤黑，甚至蒸熟、烘焦。始烘阶段约需 2 小时，此阶段要加强通风换气，以避免菇盖表面出现游离水，残留在菇盖上形成皮膜而影响色泽和香味。烘温由低到高，以每小时升温 1～3℃，升至 40～50℃时烘烤 3～5 小时。根据菇的干燥程度，可将烘筛上下换位。此后每小时升温 5℃左右，直至升到 60℃为止，不超过 65℃。烘温不能上升过快，若每小时升温超过 7℃，则香菇外形受到破坏，出现菌褶零乱，呈波浪状，菌盖边

缘卷成不规则形。

烘干时，应视菇体含水量、烘温高低、烘干过程，调节进气门和排气门的开闭程度。一般前期 4～5 小时全开，以后随烘温上升及时间增加，逐渐关小直至全闭。

晴天采的菇，如果不全用烘烤进行干制，可将鲜菇晒至半干，再烘烤至全干，既节约燃料又缩短干制时间。香菇烘至菇盖与菇柄交接处用指甲一抠有指甲沟痕，菇柄易于折断为止。此时干菇含水量大致为 13%，达到商品干燥度。

第三节　菇类的盐渍

所谓盐渍，用食盐把新鲜食用菌腌制起来的保藏方法。盐渍保藏，方法简单，设备少，成本低，效果好，是食用菌贮藏中最常采用的方法。菇类的盐渍，有利于解决食用菌生产的淡旺季问题，缓和市场，为罐头工业提供原料，同时也可以直接出口。

几乎所有的食用菌都可以进行盐渍，但常见的主要是盐水蘑菇、盐水平菇、盐水金针菇、盐水猴头菇、盐水真姬菇等。本节详述盐渍蘑菇的制作方法，其他菇类可参照进行。

一、盐渍原理

食盐水溶液有很高的渗透压。10%食盐水溶液渗透压为 6.38 兆帕。盐渍时常用的盐水浓度为 15%～20%，具有 9.12～12.16 兆帕的渗透压。而细菌和真菌细胞的渗透压仅为 0.35～1.76 兆帕。因此，在高浓度食盐溶液中微生物细胞内水分外渗，原生质收缩引起质壁分离，最后导致细胞生理干燥而死亡。食盐在水中离解为各种离子，由于离子的水合作用，使微生物因可利用的游离水减少而死亡。同时，在盐溶液中微生物体内酶失活。盐水中氧气浓度显著减少，好氧微生物难以在缺氧环境条件下生存。上述诸原因是菇类盐渍加工的理论基础。

二、盐渍工艺流程

盐渍蘑菇的工艺流程为：

原料验收→漂洗护色→杀青→冷却→盐渍→装桶。

三、盐渍加工方法

（一）原料验收

1. 鲜菇

凡供盐渍加工的鲜菇都要适时采收，清除污物、杂质，剔除病虫危害的个体，按加工标准分级收购。

2. 食盐

应选购精制食盐。粗盐往往杂质含量较高，常混有嗜盐微生物。若要使用这种盐，应用沸水溶解、澄清，并用纱布过滤后再使用。

（二）漂洗护色

鲜菇采摘后，用不锈钢刀削去蒂柄，清除污物，并立即用 0.02% 焦亚硫酸钠溶液进行漂洗，以除去菇体外表杂质。捞出后，倒入 0.05% 焦亚硫酸钠溶液中浸泡护色 10 分钟。而后用清水冲洗 3～4 次。上述两种焦亚硫酸钠溶液可连续使用 5 次后再进行更换。

（三）预煮杀青

鲜菇漂洗后，应立即投入 10%沸腾盐水中杀青。目的是杀死菇体细胞，抑制酶的活性，排出菇体内气体，便于食盐渗入。杀青锅用不锈钢锅或铝锅，不能用铁锅，以防菇体变色。杀青时应保持水温 98℃以上，因此鲜菇投放量不宜太多，一般每 100 升盐水投放 40 千克为宜。盐水尽量淹没菇体，并不断搅拌，煮沸时间依菇体大小而定，一般掌握在 5～12 分钟，以熟透为度。

（四）冷却

将杀青后的菇迅速放入冷却池或流水槽中冷却。要求冷透至心，一般需15～30分钟。

（五）盐渍

将冷却后的菇，先放入15%～16%的盐水中盐渍定色3～5天。将菇捞出，沥干水分，转入23%～25%的饱和盐水中浸渍一星期左右。每隔2～3天翻缸一次，每次均要用竹箅或塑料孔板压住菇面，使其充分浸入盐液中，为了防止嗜盐酵母的生存，应调节缸内的pH值。常用偏磷酸55%、柠檬酸40%和明矾5%溶解在饱和盐水中作调整液，使pH值降至3.5以下。经15～20天后，缸内盐水浓度不再下降，稳定在22%左右，即可装桶。

（六）装桶

将腌制好的盐水菇捞出，沥干盐水，称重后装入塑料桶内，桶的规格有25千克、40千克、50千克等。向桶内加满新配制的浓度为20%的盐水，并用调整液或柠檬酸溶液调节pH值至3.5以下，表面再撒层精盐，加盖封紧，便可入库或出售。

第四节　食用菌罐藏技术

食用菌罐藏，是把食用菌利用容器密封后再进行灭菌的一种保藏方法。保藏品通常称为罐头。食用菌罐头可分为清水罐头和快餐罐头。常用的罐藏容器有白口铁和玻璃瓶等。近年来开始使用软包装，即用塑料复合薄膜作为容器。

一、罐藏技术

罐藏的一般程序如下：

原料选择→漂洗护色→预煮冷却→分级装罐→排气封罐→灭菌

冷却→检验包装。

1．原料选择

要求菇体新鲜，洁白，无机械损伤和病虫害，允许菌体略带小斑点、小畸形和轻微薄菇，无开伞，无异味，菌柄切口平整，无大空心。

2．漂洗护色、预煮冷却

参考上节盐渍菇加工部分。

3．分级装罐

经过处理的菇体应及时分级装罐，防止再次污染。装罐时应注意罐内菇体与罐盖之间要留有适当距离，一般马口铁留 6 毫米的顶隙，而玻璃瓶留 13 毫米的距离。

固体物装罐后要及时注入汤汁。加入汤汁能排出罐内空气，使菇体避免氧化变色、变质。汤汁的配制按 100 升清水，加精盐 25 千克，柠檬酸 50 克的比例。先将清水煮沸然后加入精盐，完全溶解后保持微沸 5 分钟，再于出锅前加入柠檬酸，用多层纱布过滤后使用。加汤汁时，要求汤汁温度 85℃左右。

4．排气封罐

排气通常用加热排气法和真空排气法。加热排气是在排气箱中进行，通过加温，使罐中心温度达到 85℃左右，排气 10～15 分钟，方可把预留在罐口的罐盖封紧。真空排气是采用真空封罐机，在注入 85℃汤汁后，封罐机的真空度要维持在 66.7 千帕的真空度下操作，罐内真空度为 46.7～55.3 千帕。

5．灭菌冷却

菌类罐头多采用高压灭菌，在高压灭菌器中，温度 121℃的条件下灭菌 20～30 分钟，然后经逐级降温，使罐内温度迅速冷却。

6．检验包装

灭菌冷却后，及时擦净每盒罐身的水分、油污等。检验合格者装箱入库。

二、食用菌软包装技术

食用菌软包装休闲食品，以其食用方便、价廉、风味独特备受消费者欢迎。现将其加工技术介绍如下：

1. 工艺流程

选料→修整清洗→杀青漂洗→切片加配料→称量装袋→真空封口→灭菌冷却→成品包装。

2. 选材

选无病虫害、80%熟的新鲜子实体。包装袋选耐高温高压、无毒的食品专用袋。配料有味精、优质酱油、白糖、精盐、辣椒等。

3. 修理清洗

去除菇根、残次小菇、洗净泥土等杂质。

4. 杀青漂洗

5%盐水烧开后，放入鲜菇 5～10 分钟，煮至无白心时捞出，立即放入清水中漂洗，充分冷却后用离心法脱水 5 分钟。

5. 切片加配料

将菇体切成 3 毫米厚的菇丝。在 100 千克菇丝中加入精盐 500 克，酱油 1.2 千克，糖 1 千克，味精 700 克，清水 10 升，要辣味的另加辣椒适量。与菇丝搅拌均匀，使配料充分渗入菇体内部。

6. 称量装袋、真空封口

按每袋定量（100 克或 200 克）装袋，用真空包装机抽气封口，抽气真空度应达到 66.6 千帕，热气宽度 8 毫米。

7. 灭菌

将封口后的袋子用高温高压灭菌，在 121℃下灭菌 15 分钟，减压出锅。若使用常压灭菌，应在 100℃下保持 2 小时。

8. 检验

灭菌后逐一检验，合格者清洗干净污渍，包装即成。

附：常见食用菌产品的分级标准

一、香菇的分级

按菌盖大小、菌盖厚薄，花纹和色泽分为花菇、厚菇、薄菇和菇丁四类，每类分别又可分三级。

1. 花菇

菌盖圆整，菇形铜锣状（卷边），菇肉厚，有明显花纹，盖色正常，无发霉、无变黑、无烤焦处，无病虫斑，无机械损伤和畸形；菌褶乳白或黄色，足干，香味浓。菌盖直径大于 6 厘米为一级，4～6 厘米为二级，小 2.5～4 厘米为三级。

2. 厚菇（冬菇）

朵形完整，菇肉厚，盖色正常，为黄褐色或红褐色，整齐圆形铜锣边（卷进），无发霉，无发黑，无烤焦处，菌褶乳白或黄色，香味浓。菌盖直径大于 6 厘米为一级菇，4～6 厘米为二级菇，2.5～4 厘米为三级菇。

3. 薄菇（香信）

盖色正常，黄褐色或红褐色，扁平，已开伞，菇肉稀薄，无发霉，无变色，无烤焦处，不破，菌褶乳白或黄色。菌盖直径大于 6

厘米为一级菇，4～6 厘米为二级菇，2.5～4 厘米为三级菇。

4. 菇丁

菌盖直径小于 2.5 厘米，色泽正常，无发黑，无发霉，无烤焦。

二、双孢蘑菇的分级

根据目的不同，分级标准也不一样，鲜销可适当大些，加工罐头应小些。

（一）鲜蘑菇

一级：菌盖直径 2～2.5 厘米，菌柄直径 1.5 厘米，菌柄长度不超过 1 厘米，菇形圆整、洁白，菌膜紧包，菌柄切面平整，无虫蛀，无病斑，无机械损伤。

二级：菌盖直径 2.6～4 厘来，菌柄长 1.5 厘米，菇体圆整或稍有畸形，色白，无开伞，无机械损伤，无虫蛀，无病斑。

三级：菌盖直径 1.8～5.5 厘米，菌柄长不超过 1.5 厘米，色白，无开伞，无虫蛀，无病斑，无机械损伤，允许有畸形菇、薄皮菇、空心菇。

（二）盐水蘑菇

特级：菌盖直径 2 厘米，柄长 0.5～1 厘米；菇形圆整，菌膜紧包，色泽洁白，切削平整；无泥污，无虫蛀，无空根、白心、斑点、死根、病斑、机械损伤，无异味，无薄皮菇、变形菇、次黑菇，菌盖破碎率在 2%以内。

一级：菌盖直径 2 厘米，菌柄长 0.5～1 厘米；菇形圆整，菌膜紧包，色泽洁白，切削平整；允许稍有畸形，无泥污，无虫蛀，无空根、白心、斑点、死根、病斑、机械损伤，无异味，无薄皮菇、变形菇、无次黑菇，菌盖破碎率在 2%以内。

二级：菌盖直径 2～6 厘米，菌柄长 1.5 厘米；菇形基本圆整，菌盖稍展，菌膜未破，色泽洁白；允许有小畸形，未开伞的薄白菇、白心，略有斑点或破碎；无泥污，无虫蛀，无空根、病斑，无次黑菇；菌盖破碎率在 5%以内。

等外菇：菌盖直径大于 10 厘米，包括畸形菇、薄皮菇、削去斑点的正品菇和次黑菇，允许有小开伞和空心菇，无菌褶发黑的大开伞。

次品菇：包括开伞菇、脱柄菇、菇柄、次黑菇和特大菇，无菌褶发黑的大开伞。

三、平菇的分级

（一）鲜平菇分级

一级：菌盖直径 5 厘米以下，自然色泽，破碎率低于 5%，无霉烂，无杂质。

二级：菌盖直径 5～10 厘米，其他同一级标准。

三级：菌盖直径大于 10 厘米，其他同一级标准。

（二）盐水平菇的分级

一级：菌盖直径 2.5 厘米以下，破碎率不超过 5%，自然色泽，菌柄长 2 厘米以下，切面整齐；无污物、无腐烂、无斑点、无虫蛀、不变色、无异味、无杂质。

二级：菌盖直径 5 厘米以下，破碎率不超过 5%，自然色泽，菌柄长 2.5 厘米，切面整齐；其他同一级标准。

三级：菌盖直径 5～8 厘米，破碎率 5%左右，自然色泽，菌柄长 5 厘米以下，切面整齐；其他同一级标准。

等外品：菌盖直径 10 厘米左右，菌柄长 5 厘米左右。其他指标低于 1、2 级。

四、草菇的分级

（一）鲜草菇

一级：菇色呈灰褐色或黑褐色，菇粒周长 5～11 厘米，菇体新鲜、实粒、完整；无病斑，不开伞，不伸腰，菇脚平整，无杂质。

二级：菇体完整、新鲜，菇粒周长 6～8 厘米，无病斑，无破损，不开伞，允许小伸腰，允许周围轻度变色，菇脚平整，菇体紧实。

三级：菇粒周长 6～8 厘米，无病斑，无破损，不开伞或轻微开伞，已经大伸腰，允许变色，菇脚平整，菇体较紧实。

四级：菇粒周长 5～6 厘米，色浅，已开伞，但包被脱开不超过 0.5 厘米，菇体膨松。

（二）干草菇

一级：分片，足干，菇色明亮，内切面白色，气味芳香，菇体肥厚，长度达 5 厘米，厚度 1 厘米以上，横切面宽在 3 厘米以上，无脱褶，不成伞形或半伞形，无泥土，无杂质。

二级：菇体长 4 厘米，厚 0.5～1 厘米，横切面宽 2 厘米以上。其他同一级菇。

三级：分片，足干，菇色呈白色或淡黄色，气味芳香，菇长 3 厘米，厚 0.5 厘米以下，横切面宽在 1.5 厘米以上，无脱褶，无泥土，无杂质。

（三）速冻草菇

一级：菇体高 6～8 厘米，宽 4.5～5 厘米，内实。

二级：菇体高 5～6 厘米，宽 4～4.5 厘米，内实。

三级：形体大小如二级菇，内松，但不开伞。

四级：上述三级菇破壳者或开伞菇。

五、黑木耳的分级

一级：耳面青色，耳底灰白，有光泽，朵大肉厚，肉质坚韧有弹性，无泥土，无虫蛀，无卷耳，无拳耳（由于成熟过度及久晒不干，经多次翻动而黏在一起的干品）。

二级：耳面青色，耳底灰褐色，有光泽，朵形完整，无泥土，无虫蛀。

三级：耳色为暗褐色，朵形不一，有部分碎耳、鼠耳（因营养不足或秋后采收而形成的小耳），无泥土，无虫蛀。

等外品：不分以上规格，不成朵或碎耳占多数，无泥土，无霉变。

六、银耳的分级

银耳干燥后要分级贮放，其分级标准如下：

一级：足干，色白，无杂质，无蒂头，肉厚朵整，形圆，直径6厘米以上。

二级：足干，耳片色白或略呈微黄，有光泽，无耳基，肉厚朵整，无杂质，无烂耳，形较圆，无杂质，直径4～6厘米。

三级：足干，色白或略呈米黄色，耳肉略薄，无耳脚，无烂耳，无杂质，耳片圆形，直径2～4厘米。

四级：足干，耳片米黄色，略有斑点，耳肉薄，形不整，略带耳脚（不超过5%），无杂质，无黑朵，无碎耳，直径为1～2厘米。

等外品：足干，耳片色黄，有斑点，肉薄，耳形不整，有耳基，略带耳脚（不超过5%）；无杂质，无黑朵，有食用价值。

七、金针菇的分级

白色金针菇和黄色金针菇的分级标准不同，现分述如下：

（一）白色金针菇

一级：菌盖白色，菌柄白色至乳白色，菌盖圆整，半球形，菌柄挺直，菌盖小于1厘来，菌柄长13～15厘米，开伞度低（小于30%），无异味，无破损，无斑点，无杂质。

二级：菌盖乳白色，菌柄乳白色或1/3稍带浅黄，菌盖内卷，馒头形，菌柄直，开伞度中等（小于60%）菌盖小于1.5厘米，菌柄长12～15厘米，其他标准同一级菇。

三级：菌盖乳白至灰白色，菌柄乳白或1/2稍带浅黄，菌盖稍内卷，呈伞形，菌柄稍弯，开伞度较高（小于 70%），菌盖直径小于 2 厘米，菌柄长 12～16 厘米，无异味，无杂质，破损菇、斑点菇总量不得高于 10%。

（二）黄色金针菇

一级：菇体浅黄色，菌盖直径小于 1 厘米，圆整呈半球形，菌柄挺直，长 13～15 厘米，开伞度低（小于 30%），无异味，无残缺菇，无斑点菇，无杂质。

二级：菌盖黄色，菌柄 1/3 黄色至浅棕色，菌盖内卷，馒头形，直径小于 1.5 厘米，菌柄挺直，长 12～15 厘米，开伞度中等（小于 60%），其他标准同一级菇。

三级：菌盖黄色，菌柄 1/2 黄色至棕褐色，菌盖直径小于 2 厘米，稍内卷，呈伞形，菌柄稍弯曲，长 12～16 厘米，开伞度稍高（小于 70%），无异味，无杂质，残缺菇、色斑菇各占总量的 5% 以内。

八、灵芝的分级

（一）袋栽灵芝的分级

特级：菌盖形状肾形或如意形，色泽正常，带孢子粉，菌盖直径大于或等于 12 厘米，中心厚大于或等于 1.5 厘米，背面颜色正常，干净，菌柄长小于或等于 2 厘米，无霉变，无虫蛀，无泥沙，无杂质，含水量小于或等于 13%。

一级：菌盖完整，单生，色泽正常，带孢子粉，菌盖直径大于或等于 7 厘米，中心厚大于或等于 1 厘米，柄长小于或等于 2 厘米，其他标准同特级。

二级：菌盖完整，少有丛生，叠生，色泽正常，带孢子粉，菌盖直径大于或等于 5 厘米，中心厚大于或等于 0.5 厘米，柄长小于或等于 2 厘米，其他标准同特级。

等外品：菌盖不完整，有重叠，菌柄有粘连，色泽正常，带孢子粉，菌盖直径大于或等于 3 厘米，中心厚小于 0.5 厘米，柄长小于 1 厘米，其他标准同特级。

（二）仿野生栽培灵芝分级

特级：菌盖表面有云纹，呈亮红至紫红色有光泽，无孢子粉，菌盖直径大于或等于 8 厘米，中心厚大于或等于 1.5 厘米，背面平整，干净；无霉变，无虫蛀，无泥沙，无杂质，含水量小于或等于 12%。

一级：菌盖完整，单生，色泽正常，带孢子粉，菌盖直径在 5.0～7.9 厘米，中心厚大于或等于 1 厘米，菌柄长小于或等于 2.5 厘米，其他标准同特级。

二级：菌盖完整，少有丛生，叠生，色泽正常，带孢子粉，菌盖最大直径在 3.0～4.9 厘米，中心厚度大于或等于 0.5 厘米，菌柄长小于或等于 2 厘米，其他标准同特级。

等外品：菌盖小，不完整，畸形，色泽正常，带孢子粉，菌盖直径小于或等于 2.9 厘米，中心厚度大于或等于 0.5 厘米，菌柄长小于或等于 1.5 厘米，其他标准同特级。

思考题

1. 食用菌保鲜有哪些主要方式？各有何特点？
2. 菇类的干制原理是什么?如何提高其干制质量?
3. 请简述食用菌盐渍原理，并举例详述某一菌类的盐渍方法。
4. 简述某一食用菌的软包装技术。

参考文献

[1] 米青山. 新编食用菌栽培与加工[M]. 郑州：中原农民出版社，1990.

[2] 山西省原平农业学校. 农业微生物学[M]. 北京：中国农业出版社，1998.

[3] 张锐捷. 食用菌栽培[M]. 北京：高等教育出版社，1992.

[4] 贾身茂，王松岭. 香菇栽培新法[M]. 北京：中国农业出版社，1999.

[5] 李应华. 食用菌栽培与加工[M]. 北京：金盾出版社，1989.

[6] 刘克钧. 食用菌病虫害识别与防治[M]. 南京：江苏科技出版社，1987.

[7] 吕作舟. 食用菌生产技术手册[M]. 北京：中国农业出版社，1992.

[8] 张水旺. 食用菌生产新技术[M]. 北京：中国农业出版社，1994.